Christina M. Frey

Hamsterheime
mit Pfiff
zu Hause

W0193706

bede **bei Ulmer**

Inhalt

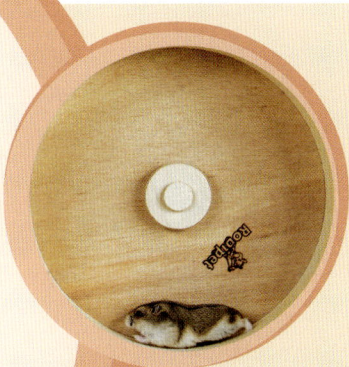

Hamster-Basics

Hamster sind kleine, quirlige Gesellen. Sie sind richtige Entdecker, die es lieben, ihre Umgebung ausgiebig zu erkunden. Um ihre Neugier so richtig ausleben zu können und Langeweile erst gar nicht aufkommen zu lassen, benötigen Hamster ein großes und abwechslungsreich gestaltetes Gehege. Denn Hamster brauchen – obwohl sie kleine Tiere sind – viel Platz und Bewegung. Zu kleine Käfige hingegen schaden Ihrem Hamster und können zu gelangweiltem Gitternagen führen.

Viele, viele Hamsterarten!

Hamster ist nicht gleich Hamster. Der zu den Mittelhamstern zählende Goldhamster ist sicher der populärste Vertreter der kleinen Nager. Doch auch die verschiedenen Zwerghamster gewinnen stetig an Beliebtheit, und viele Arten eignen sich für die Haltung als Heimtier.

Das auffälligste Unterscheidungsmerkmal zwischen Mittel- und Zwerghamstern ist die Größe: Wie der Name schon vermuten lässt, sind die Zwerghamster kleiner. Dies muss natürlich auch bei der Lebensraumgestaltung berücksichtigt werden, etwa bei der Größe der Häuser und der Ein- bzw. Ausgänge.

Damit Ihr Hamster sich in seiner Behausung auch richtig wohlfühlt, muss diese natürlich an seine individuellen Bedürfnisse angepasst werden. So wird die Gehegegestaltung danach ausgerichtet, ob der natürliche Lebensraum der jeweiligen Hamsterart z.B. eher Steppen- oder Wüstencharakter hat. Gehört der Hamster beispielsweise zu einer Art, die vorzugsweise tiefe Tunnel baut, müssen auch Beschaffenheit und Höhe der Einstreu dem gerecht werden.

Klein, quirlig und mit einer ordentlichen Portion **Neugier ausgestattet – das macht Hamster aus.**

Mittelhamster

Größe: 15–19 cm

Herkunft: Hochebene von Aleppo in Nord Syrien. In dieser fruchtbaren Region werden Weizen, Gerste und andere Feldfrüchte angebaut.

Allgemein: Es gibt viele Farben und weitere Zuchtformen, wie den langhaarigen Teddyhamster.

Einzel- oder Gruppenhaltung: Goldhamster sind absolute Einzelgänger und suchen nur zur Paarung die Nähe anderer Goldhamster.

Ideale Zimmertemperatur: Niemals unter +10 °C.

Besonderheiten: Er klettert gern, aber nicht gut und sollte nicht mehr als 20 cm tief fallen können. Eine dicke Lage Einstreu schützt vor einem harten Aufprall.

Roborowski Zwerghamster

Größe: 7–9 cm

Herkunft: Halbwüsten und Steppen der Mongolei.

Allgemein: Er ist der kleinste Hamster. Der Robo geht in der Regel keine festen Freundschaften mit seinem Menschen ein, sondern hat seinen eigenen Kopf.

Einzel- oder Gruppenhaltung: Diese Hamster können von erfahrenen Haltern als Gruppentiere gehalten werden, z.B Geschwister oder gleichgeschlechtliche Paare. Für den Laien ist es oft schwer, zu erkennen, wann eine Trennung notwendig wird. Ganz allgemein sind alle Hamster in menschlicher Obhut als Einzeltiere besser aufgehoben, denn in der Natur können sie selbst entscheiden, ob und wann sie in einer Gruppe leben wollen und mit wem.

Haltung: Er liebt Sand zum Graben und Laufen. Quarzsand eignet sich als Einstreu. In den Ecken sollten Schalen mit dem saugfähigen Chinchillasand für die Ausscheidungen stehen.

Besonderheiten: Der Robo gilt als schlechtester Kletterer und ist eher als Läufer bekannt. Viel Platz ist für ihn ideal!

Campbell Zwerghamster

Größe: 8–9 cm

Herkunft: Halbwüsten und Steppen der Mongolei.

Allgemein: Dieser Hamster gilt als weniger geeignet für die Haltung, da er z.B. im Vergleich zum Dsungaren als scheuer beschrieben wird und gerne auch einmal zwickt.

Einzel- oder Gruppenhaltung: Gruppenhaltung ist möglich und gelingt z.B., wenn die Tiere aus demselben Wurf kommen und nie längere Zeit getrennt werden, ist jedoch trotzdem sehr problematisch. Auch hier gilt es, nur gleichgeschlechtliche Paare zu halten, um Nachwuchs zu vermeiden. Wie beim Roborowski und beim Dsungaren ist Einzelhaltung für den Laien anzuraten.

Haltung: Dieser Hamster legt in freier Wildbahn im Gegensatz zu seinen Verwandten keinen großen Bau oder Vorräte an.

Besonderheiten: Der Campbell ist auch kein guter Kletterer, aber ein guter Läufer. Er braucht viel Platz.

Dsungarischer Zwerghamster

Größe: 9–10 cm

Herkunft: Karge Steppen in Südwest-Sibirien und Ost-Kasachstan.

Allgemein: Er eignet sich gut als Heimtier und gilt in Halterkreisen als leicht zähmbar.

Einzel- oder Gruppenhaltung: Er kann alleine und paarweise gehalten werden. Dennoch gelingt die Paarhaltung nur selten über einen längeren Zeitraum und so ist auch hier eine Einzelhaltung anzuraten.

Ideale Zimmertemperatur: Zu hohe Zimmertemperaturen (ab ca. 30 °C) können zu Problemen oder sogar zum Tode führen.

Besonderheiten: Dsungaren lieben Gras und brauchen es auch. Er ist der tagaktivste Hamster.

Handwerkertipps

Sicherheit ist ganz wichtig beim Bau des Hamsterheims und der Einrichtung. Wählen Sie daher die Materialien sorgfältig aus und vermeiden Sie von vornherein alle Gefahrenquellen.

Welches Holz?

Für Häuser, Ebenen, Brücken, Labyrinthe und alle anderen Bauwerke aus Holz eignet sich z.B. Pappelsperrholz. Pappelsperrholz lässt sich gut bearbeiten und ist relativ preiswert. In so gut wie jedem Baumarkt gibt es diese Platten von 800 x 600 mm, 1200 x 600 mm bis zu 2000 x 600 mm. Manchmal gibt es in Baumärkten auch kostenlos oder zu einem geringen Preis Reststücke. Es sollte mindestens 4 mm dick sein, damit es nicht durchhängt. Das Dach eines Schlafhäuschens sollte etwas stärker sein, damit es vom Hamster als zusätzliche Ebene genutzt werden kann.

Ebenfalls eignet sich Buchen-, Birken- oder Haselnussholz. In jedem Fall ist es aber wichtig, nur unbehandeltes Holz zu verwenden.

Nadelhölzer sind ungeeignet. Das austretende Harz ist schädlich für Ihren Hamster, weil es sehr klebrig ist und dadurch die Backentaschen verkleben kann – und dies kann für den Hamster tödlich sein.

Für Ihren Eigenbau sollten Sie keine Spanplatten verwenden, denn bei ihnen besteht die Gefahr des Ausgasens schädlicher Stoffe. Werden Spanplatten nass, können sie schimmeln und sich verziehen.

Mit etwas Geschick
gelingt auch Ihnen der
Bau solcher Einrichtungs-
gegenstände. Ihr Hamster
wird es Ihnen danken!

Wenn die Farbe ungiftig ist, spricht nichts gegen ein buntes Hamsterheim.

Farbe im Spiel

Häuser und andere Einrichtungsgegenstände können mit Farbe verschönert werden. Jedoch können Sie nicht jede Farbe verwenden. Tusche, Wasserfarbe und Ölfarbe sind für den Hamster giftig, wenn er an den bemalten Stellen nagt – und haben daher im Hamsterheim nichts zu suchen. Zuckerfreie Lebensmittelfarbe können Sie hingegen bedenkenlos verwenden. Das Pulver mischen Sie mit Wasser und testen auf einem alten Holzstück, ob Ihnen die Farbe gefällt. Leicht lässt sich aus Grün und Rot z.B. Braun mischen, so müssen Sie nicht jede Farbe kaufen. Lassen Sie die bestrichenen Flächen 24 Stunden trocknen.

Denken Sie daran, dass diese Farbe nicht wasser- oder urinfest ist und verläuft, wenn sie nass wird. Ebenfalls geeignet sind handelsübliche Kindermalfarben.

Zum Verkleben eignet sich lösungsmittelfreier Holzleim. Nach 24 Stunden ist dieser trocken – und der Spaß kann beginnen!

Lack, Lasur oder unbehandelt?

Nach dem Bau stellt sich die Frage, wie das Holz resistent gegen Urin wird. Es gibt viele Wege, z.B. Lack, Wachs oder Leinöl, aber keiner davon ist ein guter Weg.

Oft wird zum sogenannten Babylack geraten. Lack schließt die Poren des Holzes und macht es undurchlässig, aber gegen Hamsterurin ist Babylack machtlos.

Eine Lasur lässt die Poren offen und so kann das Holz weiter atmen. Feuchtigkeit kann abgegeben und aufgenommen werden.

Wachs oder Leinöl sind weitere Alternativen. Wachs ist ein natürlicher Stoff und ungiftig. Leinöl ist ebenfalls ungiftig, jedoch kann es passieren, dass das Leinöl nicht völlig einzieht und verdirbt und stinkt.

Leider haben alle diese Mittel den Haken, dass sie entweder das Holz komplett abdichten oder es offen lassen und so Urin und Wasser eindringen können.

Besonders Häuser müssen atmen können, denn sonst kommt es zum „Plastikhauseffekt". Im Haus wird die Luft schlecht, es bilden sich Schimmelpilze und Ihr Hamster wird krank. Am besten lassen Sie das Holz, wie es ist. Ebenen und Etagen müssen in der Regel nicht behandelt werden, da Hamster reinliche Tiere sind und Toilettenecken nutzen. Ein neuer Trend geht dahin, dass in die Toilettenecke Mosaiksteine mit Leim geklebt werden (oft als kleine Matten erhältlich). So dringt kein Urin in das Holz.

Aus vielen Teilen wird eins

Um kleinere Holzteile wie Labyrinthe oder Brücken zu verbinden, eignet sich Holzleim ohne Lösungsmittel gut. Nach dem Verkleben sollte die Holzkonstruktion 24 Stunden lang trocknen, bevor Sie ins Hamsterheim gestellt wird. Heißkleber ist giftig, ihn sollten Sie auf gar keinen Fall verwenden. Größere Holzelemente wie das Gehege werden am besten verschraubt. Achten Sie darauf, dass keine spitzen Enden von Schrauben oder Nägeln herausragen und den Hamster verletzen können.

Wohn-Varianten

Wählen Sie das Heim passend für Ihren Hamster aus. Dabei kommt es nicht nur auf die Größe, sondern auch das Material und die Bauweise an. Die folgenden Punkte helfen Ihnen dabei, einen Käfig auf seine Eignung hingehend zu prüfen.

Gitterkäfig

Größe: Ein leerer Käfig sieht oft groß genug aus, verliert aber viel Fläche durch die Einrichtung. Aus diesem Grund sind sogar 100 x 50 cm noch immer recht klein und Auslauf ist während der Aktivitätsphasen Ihres Hamsters so wichtig. Käfige in entsprechenden Größen werden oft unter der Bezeichnung „Rattenkäfig" verkauft.

Gitterabstand: Bei einem Mittelhamster sollte er 0,8 bis maximal 1,2 cm betragen. Beim Dsungaren und Campbell sollten es 0,8 cm sein und beim Roborowski zwischen 0,6 cm und 0,7 cm, damit die kleinen Nager und vor allem Jungtiere nicht entwischen können.

Vor- und Nachteile eines Gitterkäfigs

Vorteile: Ein Käfig ist schnell gekauft und lässt sich gut im Zimmer platzieren. Er ist leicht und problemlos an einem anderen Platz aufzustellen, schnell zu reinigen und kann rasch auseinander- und wieder zusammengebaut werden. Trinkflaschen brauchen keinen Extrahalter, sondern können am Gitter befestigt werden. Die Gitter bieten die Möglichkeit zum Klettern und sorgen für eine gute Belüftung.

Nachteile: Selten in artgerechter Größe mit passendem Gitterabstand im Fachhandel vorrätig. Da die Decke auch aus Gittern besteht, wird diese ebenfalls beklettert, dabei besteht Sturzgefahr.

Der ideale Käfig sollte …

- groß genug sein, damit Ihr Hamster sich viel bewegen kann und dennoch Platz für Einrichtung etc. vorhanden ist.

- den passenden Gitterabstand vorweisen.

- eine tiefe Unterschale besitzen, damit Sie hoch einstreuen können.

- Gitterdeckel sollten mit Pappe abgedeckt werden, damit der Hamster nicht zu waghalsigen Klettertouren verleitet wird und abstürzt.

Mit der richtigen Einrichtung kann aus einem geeigneten Käfig ein richtiges Wohlfühlheim werden.

Ausbaumöglichkeiten

Etagen und zusätzliche Ebenen können ohne großen Aufwand am Gitter befestigt werden, um die Bewegungsmöglichkeiten zu vergrößern. Sie können auch zwei Käfige miteinander verbinden, um mehr Raum zu schaffen.

Möglichkeit 1: Diese Möglichkeit bietet sich an, wenn die Käfige jeweils mehrere Türen haben, damit weiterhin bequem alle anfallenden Arbeiten darin erledigt werden können. Entfernen Sie bei jedem Käfig jeweils eine seitliche Türklappe, stellen Sie die Käfige mit den Öffnungen direkt aneinander und verbinden Sie die Käfige dauerhaft mit Draht.

Möglichkeit 2: Haben die Käfige nur eine Tür, schneiden Sie mit einem Seitenschneider in jeden Käfig ein Loch. Dazu wird jeweils links und dann rechts ein Stück der Strebe abgetrennt, bis so viele Streben entfernt sind, dass der Durchgang die gewünschte Größe hat. Dabei muss sehr genau gearbeitet werden, denn sonst kann der Hamster links oder rechts in einer Lücke verschwinden. Als Übergang dient z.B. ein stabiler Tunnel aus Holz, der von außen sicher befestigt wird. Achten Sie darauf, dass der Hamster sich nicht an überstehenden Drahtenden verletzen kann!

Wohnen nach Wunsch

Anstatt einen Käfig zu kaufen, können Sie auch ein eigenes Gehege aus Holz für Ihren kleinen Liebling bauen. Dazu brauchen Sie etwas handwerkliches Geschick oder einen begeisterten Heimwerker, der Ihnen dabei hilft.

Von der Idee zum Eigenbau

- Zeichnen Sie den Plan und notieren Sie alle Maße. Denken Sie beim Zeichnen auch an die künftigen Etagen oder die Rennbahn.
- Erstellen Sie eine Materialliste und eine Liste mit den Werkzeugen.
- Schlagen Sie in diesem Buch die Handwerkertipps nach und informieren Sie sich über Holzarten, kaufen Sie danach das Material ein. Viel Spaß beim Bauen!

Vor- und Nachteile des Eigenbaus

Vorteile: Sie können alles selbst bestimmen, haben fast alle Freiheiten und können das Gehege ideal den Bedürfnissen Ihres Hamsters und Ihrer Wohnungseinrichtung anpassen.

Nachteile: Im Planungs- und Baueifer können die veranschlagten Kosten schnell erheblich überschritten werden. Mitunter nimmt der Bau auch mehr Zeit als vorgesehen in Anspruch – eine gute Bauplanung beugt dem aber vor. Die gründliche Desinfektion eines Holzgeheges ist nicht immer möglich, sodass es nach einer ansteckenden Infektionskrankheit des Hamsters vielleicht entsorgt werden muss. Manche Hamster nagen eifrig am Holzgehege und können dann entwischen. Deswegen sollte das Gehege regelmäßig kontrolliert werden.

Tipps für den Eigenbau

Gute Vorbereitung ist wichtig, denn als Bauherr haben Sie viel Verantwortung. Daher sollten Sie sich vorher die Gestaltung gut überlegen und einen möglichst genauen Plan zeichnen. Sie können beim Eigenbau gleich Ebenen, eine Rennbahn und weitere Gestaltungselemente berücksichtigen.

Als kleine Hilfe hier das Wichtigste für die Planung:

- Verwenden Sie Volierendraht mit der kleinsten Maschengröße.
- Denken Sie an eine ausreichende Belüftung, indem Sie idealerweise einen Gitterdeckel und ggf. Belüftungsvorrichtungen in den Seitenwänden einplanen.
- Viele Hamster benutzen das Gitter zum Klettern, aber längst nicht alle sind auch gute Kletterer. Deswegen sollte der Draht nicht bis zur Decke reichen, damit der Hamster nicht von dort aus kopfüber weiter am Gitterdeckel klettert.
- Für die Wände eignen sich Holzrahmen, diese werden bis auf ca. 25 cm mit Draht bespannt und der Rest mit Holz verschlossen.
- Mehrere Türen an allen Seiten erleichtern die anfallenden Arbeiten im Gehege. Der Deckel sollte abnehmbar sein, aber Ihr Hamster wird es immer bevorzugen, wenn Sie ihn vorne herausnehmen und nicht unnötig hochheben.
- Da Hamster Wühler sind bietet sich eine Einstreuleiste an. Planen Sie rund um den Eigenbau eine mindestens 10–15 cm hohe Kante, damit nicht unnötig viel Einstreu nach draußen fällt.
- Wenn Ihr Hamster ein eifriger Nager ist, können Sie die Wände bis zur Höhe von ca. 30 cm z.B. mit Metallplatten auskleiden bzw. in den Verbindungsecken der Wände Metallschienen anbringen. So bieten Sie dem Hamster weniger Nagemöglichkeiten.

Vom Regal zum Hamsterheim

Ganz leicht lässt sich aus einem am besten unbehandelten Holzregal ein Hamsterheim gestalten, denn das Gerüst haben Sie schon. Tackern Sie noch eine Rückwand an das Regal. Um eine ausreichende Belüftung zu garantieren, können Sie an den Seiten auch Draht befestigen, damit alles gut belüftet wird.

Im nächsten Schritt messen Sie genau die Vorderseite, halbieren diese und bauen zwei entsprechende Holzrahmen und tackern auch daran den Volierendraht. Dann werden Scharniere an diesen Gittertüren befestigt. Um die Türen verschließen zu können, befestigen Sie zwischen den Türen ein Brett, an dem wiederum die Riegel angebracht werden können. Dieses Zwischenbrett muss breiter sein als die beiden Riegel zusammen. So kann der Hamster nicht so leicht ausbüchsen. Magnetverschlüsse haben sich in der Praxis nicht bewährt, da dafür das Holz zu schwer zu sein scheint.

Eine Leiste auf den Etagen vor der Tür und ggf. den Gitterwänden vermindert die Verschmutzung der Umgebung durch Einstreu. Wichtig: Achten Sie beim Öffnen der Türen darauf, dass Ihr Hamster nicht gerade auf der Leiste klettert und herausfällt. Ist die Leiste 20–30 cm hoch, kann sie von keinem Hamster überwunden werden, sofern er sie nicht über in der Nähe stehende Einrichtungsgegenstände erreicht.

Abenteurer mit Sammeltrieb auf Entdeckungstour. Wohin diese Rampe wohl führt?

Tipps beim Regalumbau

- Eine passende Bodenwanne erleichtert die Reinigung und Ihr Hamster kann in dieser nach Herzenslust buddeln.

- Eine beschichtete Spanplatte eignet sich als Boden für das Regal und lässt sich leicht reinigen.

- Haben Sie ein großes Regal, dann können Sie auch nur einen Teil davon für Ihren Hamster abtrennen, am besten links oder rechts außen, jedoch nicht in der Mitte, da dies den Luftaustausch behindert. So können Sie Ihr Hamsterheim z.B. in ein Bücherregal integrieren.

Aquarien und Terrarien

Neben dem Gitterkäfig und den Eigenbauten können Sie auch Aquarien oder Terrarien in schöne Hamsterheime verwandeln. Dabei müssen jedoch einige Punkte berücksichtigt werden, damit die Glasbecken hamstergerechte Unterkünfte werden.

Aquarium

Damit das Aquarium optimal belüftet werden kann, darf es niemals höher als tief sein. Eine gute Belüftung ist das A und O und wichtig für Gesundheit und Wohlbefinden Ihres Hamsters. Die Luftzirkulation ist in kleinen Aquarien besonders schlecht, in Becken ab 1,20 m Länge jedoch besser. Das Becken sollte nur mit einem Gitterdeckel abgedeckt werden. Wird es mit einer Platte abgedeckt oder mit einem Deckel mit Lüftungsschlitzen, findet kein ausreichender Luftaustausch statt. Im Hinblick auf die Belüftung sollte höchstens ein Drittel der Grundfläche mit Einrichtungsgegenständen bedeckt sein.

Vorteile: Ein Aquarium können Sie oft günstig bekommen. Viele Leute verschenken alte, oft auch nicht mehr wasserdichte Aquarien. Für Ihre Zwecke sind diese allerdings bestens geeignet. Sie sind in artgerechten Größen erhältlich oder lassen sich mit gleicher Tiefe verbinden, indem Sie zwei Seiten heraustrennen und die Aquarien aneinander schieben. Streu bleibt im Inneren und Sie können hoch einstreuen, damit Ihr Hamster ein unterirdisches Reich errichten kann. Durch die Scheiben lässt er sich gut beobachten.

Nachteile: Mitunter mangelhafte Belüftung. Aquarien sind schwer, nur mit großem Aufwand zu tragen und an einem anderen Ort aufstellbar. Seitliche Türen fehlen und Hamster mögen es nicht, von oben gegriffen zu werden.

Schöne Hamsterheime aus Glas schaffen

- Da der Hamster am Glas nicht klettern kann, sollten Sie ihm Ebenen, Rampen und ausgewähltes Spielzeug zum Ausgleich anbieten.

- Es muss unbedingt für eine ausreichende Belüftung gesorgt werden.

- Eine Rennbahn eignet sich gut für diese Behausung, um mehr Platz zu schaffen. Denken Sie aber daran, nicht mehr als ein Drittel der Grundfläche mit Einrichtung zu bedecken.

Terrarium

Die Belüftung ist auch hier ein Problem. Es findet ein schlechter Luftaustausch statt, da Terrarien oft rundum geschlossen sind oder seitlich nur kleine Belüftungsgitter haben. Wollen Sie sich ein Terrarium zulegen, dann sollte es sehr groß sein und zumindest oben muss das Glas durch ein Gitter ersetzt werden, damit sich der Luftaustausch verbessert. Am besten wird auch noch an der Seite ein Glas durch Gitter ersetzt. Die Wände sollten hoch genug sein, damit sich ihr Hamster auf der Einstreu stehend noch strecken kann.

Vorteile: In einem Terrarium können Sie Ihren Hamster ebenfalls gut beobachten und ihn, anders als beim Aquarium, vorne herausnehmen.

Nachteile: Oft fehlt es Terrarien an Höhe, sodass Ihr Hamster dort keine tiefen, unterirdischen Bauten anlegen kann. Für diesen Zweck eignen sich die meisten Aquarien besser. Zudem sind Terrarien oft teuer und ebenso schwer und unhandlich wie Aquarien. Günstig erhält man sie gebraucht.

Gehegestandort

Wählen Sie den Standort des Hamsterheimes sorgsam aus. Es sollte an einem ruhigen und nicht zu hellen Platz stehen. Der Hamster schläft tagsüber meist und jede Störung wirkt sich auf seine Gesundheit aus. Fernseher und laute Musik stören ihn. Soll der Hamster in einem Schlafzimmer stehen, sollten Sie bedenken, dass das Tier nachts Lärm verursacht, der Ihren Schlaf stört. In Kinderzimmern ist es oft zu laut und die nächtlichen Geräusche des Hamsters stören das Kind – daher ist das Kinderzimmer für das Hamstergehege ungeeignet. Direkte Sonneneinstrahlung, Hitze und Zugluft können zu gesundheitlichen Problemen führen. Deswegen sollte das Gehege auch nicht direkt an einer Heizung, einer Tür oder einem Fenster stehen. Das Heim sollte an der Wand und etwas erhöht z.B. auf einem kleinen Tisch oder der Eigenbau etwa auf Beinen oder Rollen stehen, dann fühlt sich der Hamster sicher.

So könnte ein selbstgebautes Heim für Ihren Hamster aussehen.

Grundausstattung

Hamsterhaus

In jedem Hamsterheim sollte ein Haus als Rückzugsort vorhanden sein, da es dem Tier Sicherheit vermittelt. Der Hamster kann darin tagsüber schlafen, seine gesammelten Vorräte lagern und gegebenenfalls eine Toilettenkammer anlegen.

Der Goldhamster lebt in der freien Natur auf offenem Feld in seinem unterirdischen Heim. Sein Bau bietet ihm Schutz vor Feinden, Kälte und Hitze. Wird es dunkel, traut er sich heraus, geht auf Futtersuche und sammelt seine Vorräte. Ein Hamster braucht also ein Häuschen, damit er Hamster sein kann!

Nehmen Sie das Haus nur zum Reinigen heraus, aber nicht, wenn sich der Hamster gerade darin versteckt. Sonst kann er nur schwer Vertrauen zu seinem Menschen aufbauen.

Größe: Für den Mittelhamster sollte die Grundfläche mindestens 20 x 15 cm mit einer Höhe von ca. 15 cm betragen. Bedenken Sie, dass Hamster buddeln! Daher kann es passieren, dass Dinge unterbuddelt werden. Dies kann gefährlich werden, wenn Ebenen und Häuser einbrechen, weil der Hamster Gänge darunter baut! Um dies zu verhindern, können Sie das Haus (genauso z.B. auch Brücken) auf Stelzen bauen. Bringen Sie dazu an allen vier

Tipp
Runde Löcher
mit einer Lochsäge
bohren.

Der ideale Rückzugsort!

:Aha!:

Ein Kokosnusshaus für Zwerghamster

- Halbieren Sie eine Kokosnuss mit einer Säge und höhlen Sie sie gut aus.

- Danach gut abwaschen, eine halbe Stunde auskochen und trocknen lassen. Das Fruchtfleisch muss vollständig entfernt werden, da es anfangen könnte, zu schimmeln.

- Mit einer Stichsäge können Sie nun einen Eingang hineinsägen.

Ecken Dübelbeine ab 10 mm Stärke an. So stehen die Häuser nur scheinbar auf der Streu, in Wirklichkeit aber auf dem Gehegeboden und können somit untergraben werden, ohne einzusinken. Für Zwerghamster ist eine Mindestgröße von 15 x 10 cm mit einer Höhe von 10 cm ausreichend.

Material: Das Hamsterheim sollte stabil sein. Für die vordere und hintere Wand bietet sich 10 mm starkes Pappelsperrholz an. So lassen sich leicht Luftlöcher bohren. Die Seitenwände und das Dach sollten aus etwas stärkerem Holz gebaut werden.

Der Eingang sollte für einen Mittelhamster einen Durchmesser von mindestens 7 cm aufweisen, für einen Zwerghamster mindestens 5 cm. Die Hamster müssen mit gefüllten Backentaschen hindurchpassen. Zur Gestaltung des Eingangs gibt es mehrere Möglichkeiten. Eine Variante sind runde Öffnungen. Eine neuere Idee sind große Türen, die in drei Teile geteilt werden. Oben Dübel, unten Dübel, in der Mitte die Öffnung. Wenn es sich z.B. um ein Zwerghamsterheim handelt, dann muss der Eingang 5 cm hoch und breit sein. Der Luftaustausch ist besser, manchmal fühlt sich das Tier dann jedoch weniger geschützt. Ob diese Türvariante zu empfehlen ist, kommt auch auf die Lage des Geheges an. Ist wirklich kein Luftzug vorhanden? Wie ist das Gehege gestaltet? Ist es sehr offen? Oder ein

wenig „wild"? Also mit vielen Versteckmöglichkeiten, dann stört dieser offene Ein- bzw. Ausgang weniger, als wenn das Gehege sehr übersichtlich ist und nur wenige Versteckmöglichkeiten besitzt. Und es kommt auch auf den Hamster an. Ist er eher scheu oder aufgeweckt und neugierig? Die Belüftung ist ein wichtiger Aspekt: Ohne Luftlöcher kann sich Schimmel bilden.

Bauanleitung: Legen Sie die Maße fest und schneiden Sie die Stücke zu. An der Vorderwand wird entweder links oder rechts an den Rand der Eingang ausgeschnitten, damit eine Ecke ganz geschützt ist. Fenster sind unnötig, denn der Hamster schläft am Tag und braucht Dunkelheit. Messen Sie alles vor dem Verleimen gut nach. Alle Seiten müssen gleich hoch sein. Legen Sie die verleimten Seitenteile mit einer offenen Seite auf das Dach und zeichnen Sie den Grundriss rundherum nach. Das Dach sollte größer als das Haus sein, planen Sie also einen Überstand nach allen Seiten ein. Kleben Sie Leisten innerhalb des aufgezeichneten Vierecks auf die Dachplatte. Nun kann das Dach nicht mehr verrutschen.

Mehrkammernhäuser

Ein Blick in die Natur zeigt uns, dass Hamster wahre Organisationstalente sind und ihren Bau genau durchplanen. Artgerechte Häuser haben mehrere Kammern, die einem natürlichen Bau nachempfunden sind.

Raumaufteilung

Ein Hamsterbau besteht aus mehreren Kammern, die durch lange Gänge miteinander verbunden sind. Es gibt meistens eine Vorratskammer und eine Schlafkammer. Auch eine Toilettenkammer ist vorhanden, weit weg von der Schlaf- und Vorratskammer. Es gibt zwei Ein- und Ausgänge, damit der Hamster immer eine Fluchtmöglichkeit hat.

Die Form: Jedes Haus kann anders aussehen. Beliebt ist die L-Form, die es ermöglicht die Ecktoilette zu separieren. Die I-Form oder das Quadrat mit vielen kleinen Kammern sind gängige Abwandlungen. Bei der I-Form bieten sich drei Kammern an. Das Quadrat lässt viel Freiraum. Der Hamster kann selbst seine Einteilung vornehmen. Lassen Sie Ihrer Kreativität beim Gestalten freien Lauf!

Das 2-Kammernhaus: Dieses Haus konzentriert sich auf Schlaf- und Vorratsraum. Die Toilette befindet sich außerhalb des Hauses. Mindestens 12 x 12 cm eignen sich für Zwerghamster, ein Mittelhamster benötigt ca. 20 x 20 cm Schlafraum.

Das 3-Kammernhaus: Dieses verbindet Schlaf-, Vorrats- und Toilettenkammer und kann als I- oder L-Form gebaut werden. Die Toilette steht bei der L-Form in einer von drei Wänden umschlossenen Kammer. Auch bei der I-Form sollte sie stets nur drei geschlossene Wände haben, damit die Urindämpfe entweichen und sich nicht festsetzen können.

Das Viel-Kammernhaus: Dieses ist quadratisch oder als C geformt. Das Viel-Kammernhaus kann ein kleiner Abenteuerspielplatz werden, wenn Sie die Kammern z.B mit verschiedenen Materialien füllen. Beliebt ist die im Handel erhältliche flache Form, mit einem Eingang auf dem Dach und einer hineinführenden Rampe.

In diesem Mehrkammernhaus kann sich Ihr Hamster häuslich einrichten.

Worauf müssen Sie achten?

Bei allen Formen sollten Sie daran denken, auch im Inneren die Wände mit Luftlöchern zu versehen. Diese müssen keineswegs langweilig sein! Sie können Löcher bohren oder Dreiecke (ca. 1 cm) oder gar ein Wellenmuster am oberen Rand aussägen. Dies sorgt für gute Belüftung ohne Zugluft!
Eine dunkle Ecke im Gehege ist genau der richtige Standort. Dort fühlt sich Ihr Hamster sicher und geborgen. Ein kleiner Trick: Drehen Sie den Eingang einfach vom Licht weg.
Häuser aus Pappelholz bieten sich aufgrund ihrer Leichtigkeit an. Der Hamster kann so untergraben und eine gemütliche Schlafkuhle schaffen. Multiplex-Platten (das sind mehrschichtige Sperrholzplatten) sind schwer und sollten auf dem Boden stehen. Falls ihr Hamster sich dennoch eine Kuhle schaffen soll, können Sie einfach die Wände der Streutiefe anpassen.

Das besondere Extra

- Rampen oder Leitern befestigen.

- Ein Loch auf dem Dach und eine Rampe, die ins Innere führt.

- Ein individuelles Namensschild über der Tür.

- Ein Dach, dessen Kanten gewellt sind, diese abschmirgeln.

- Mit Dübeln gestalten: Es gibt glatte und geriffelte Dübel in Stärken von minimal 4 mm bis maximal 30 mm. Für die Füße einer Ebene eignen sie sich erst ab 10 mm Stärke. Je größer die zu tragende Fläche, desto dicker sollten die Dübel sein oder je mehr sollten als Stütze verwendet werden. Dünnere Dübel mit einer Stärke unter 10 mm eignen sich eher zum Verzieren oder als Sprossen z.B. für eine Rampe.

- Für ein Geländer aus Dübeln auf dem Dach, welches bei der Berechnung der Fallhöhe berücksichtigt wird, eignen sich am besten Dübel mit mindestens 10 mm Stärke. Die Dübel werden wie eine Reihe miteinander befestigt.

Nistmaterial

Hamster sind kleine Sammler und legen großen Wert auf eine volle Speisekammer. Aber auch ein gemütliches Nest ist ihnen wichtig, schließlich verschlafen sie oft den ganzen Tag. Und so suchen sie sich in ihrem Gehege Polstermaterial und bringen es in ihr Nest. Aber nicht alles, was kuschelig aussieht, ist auch geeignet! So ist Hamsterwatte genau wie Kosmetikwatte ungeeignet. Hamsterwatte ist weder atmungsaktiv noch verdaulich, sie kann im Magen verklumpen und zu einem Darmverschluss führen. Zudem kann die Hamsterwatte die Backentaschen verstopfen oder verkleben. Da Hamsterwatte Fäden zieht, kann es geschehen, dass sie

sich um die Gliedmaßen des Hamsters wickelt und diese abschnürt, was sogar zum Verlust einzelner Gliedmaßen führen kann. Ähnlich verhält es sich mit Stoffresten, die ebenfalls Fäden ziehen können. Selten sind sie verdaulich. Selbst die Baumwolle aus der Kapok-Schote ist nicht geeignet, da sie staubt und zu Atemproblemen oder gar Augenentzündungen führen kann, die Schoten selbst können splittern.

Das richtige Nistmaterial: Gut eignen sich hingegen Heu und Stroh. Allerdings können diese Naturmaterialien Milben und anderes Ungeziefer enthalten, deshalb besser für ein bis zwei Tage ins Gefrierfach

legen und danach etwas anwärmen und verwenden. Auch Taschentücher oder Toilettenpapier eignen sich. Achten Sie darauf, dass sie unparfümiert, ungebleicht und nicht wasser- oder reißfest sind. Eine weitere Alternative sind Blätter oder Kräuter. Diese können frisch oder getrocknet angeboten werden, dürfen aber nicht nass sein. Wenn Sie die Blätter mit Wasser abwaschen und anschließend gut trocknen lassen, vermindern Sie die Gefahr eines Parasitenbefalls. Gut eignen sich Blätter von Obstbäumen wie Apfelbäumen. Verzichten sollten Sie auf Blätter von Kastanien, Eichen oder Steinobstbäumen, diese sind giftig und daher nicht geeignet.

Einstreu

Einstreu sollte staubarm sein. Staubarme handelsübliche Kleintierstreu eignet sich daher für das Hamsterheim, genau wie Mais-, Hanf- oder Leinenstreu.

Hamstern mit kurzem Fell kann auch etwas Erde in einer Schüssel zur Verfügung stehen, z.B. ungedüngte Blumenerde. Erde enthält Feuchtigkeit, die zur Erkältung beim Hamster führen kann. Somit sollte Erde niemals als komplette Einstreu verwendet werden!

Verwenden Sie keine Katzenstreu im Hamsterheim. Frisst der Hamster davon, kann die Katzenstreu im Magen verklumpen und zum Tode führen, auch kann der Verzehr giftig sein.

Staubarme Einstreu, ausreichend Heu und Stroh und ein Sandbad mit feinem Chinchillasand – so fühlt Ihr Hamster sich wohl.

Sandbad

Hamster lieben und brauchen Sandbäder zur Fellpflege, Krallenpflege und Entspannung. Durch das Wälzen im Sand reinigen sie sich. Der Sand funktioniert wie ein Kamm. Sie können eine Schale oder eine kleine Kiste mit Chinchillasand oder feinem Terrariensand füllen. Diese Sandarten eignen sich gut, da sie staubarm und die Sandkörner abgerundet sind.

Verwenden Sie jedoch keinen Vogelsand, Bausand oder Sandkastensand, diese Sandarten haben raue Kanten. Badet sich der Hamster mit diesem Sand, wird das Fell geschädigt und es kann z.B. zu Hauterkrankungen kommen. Vogelsand enthält zudem häufig den intensiv riechenden Anis, ein Geruch, der für Hamster unangenehm ist. Der beigemischte Muschelgrit besitzt scharfe Kanten und kann den Hamster z.B. am Auge verletzten oder die Haut aufschürfen.

Näpfe und Trinkflasche

Trinkflasche	Napf
- Schwer zu reinigen. - Unnatürliche Körperhaltung beim Trinken. - Regelmäßige Kontrolle, ob die Trinkflasche noch richtig funktioniert. - Plastikflaschen können angenagt werden. - Trinkflaschen können tropfen.	- Muss oft gereinigt werden. Verdreckt nicht nur durch Streu, sondern auch durch den Hamster selbst, der z.B. durch das Wasser im Napf läuft oder Kot darin verliert. - Muss vor Unterbuddeln und Umwerfen geschützt werden, indem er z.B. auf eine Ebene gestellt wird. Für alte Hamster kann dies zum Problem werden, da diese vielleicht nicht mehr klettern können oder wollen. - Ein zu großer Napf führt zu einem unfreiwilligen Bad, Erkältung oder gar Ertrinken des Hamsters.
+ Bessere Kontrolle, wie viel der Hamster trinkt (wichtig, wenn er krank ist). + Wasser bleibt in der Regel länger sauber, wichtig ist aber peinliche Hygiene im Flascheninneren, sonst kann die Trinkflasche schnell zur Bakterienschleuder werden.	+ Leicht zu reinigen. + Natürliche Körperhaltung.

In einem Käfig können Trinkflaschen einfach am Gitter befestigt werden. Am Glas eines Aquariums lassen sich Trinkflaschen nicht sicher befestigen, aber ganz leicht kann ein Ständer für eine Trinkflasche mit Beinen versehen werden. Dazu brauchen Sie ein Stück Holz für den Boden, eines als Wand und ein dickes als Halterung – zusammen sieht das dann aus wie ein C. In das obere Holzstück schneiden Sie ein Loch, dessen Durchmesser dem des Trinkrohrs entspricht. Schieben Sie anschließend das Trinkrohr durch dieses Loch, die Plastikflasche sitzt auf dem Holz auf.
Einen Futternapf brauchen Sie nicht unbedingt, denn der Hamster wird sowieso das Futter in seinem Haus lagern. Trotzdem können Sie natürlich einen Napf für das Frischfutter anbieten.

Hier tropft's! Trinkflaschen sollten regelmäßig kontrolliert und kaputte oder tropfende sofort ausgetauscht werden.

Wird Futter in einem Napf angeboten, sollte dieser stabil sein und
sicher stehen.

Mit Ton selbst aktiv werden

Das Grundzubehör eines Hamsterheimes sollte nicht aus Plastik bestehen. Gerade Futternäpfe, Buddelschalen oder Toiletten müssen nicht gekauft werden, sondern können ganz nach Ihren individuellen Wünschen von Ihnen gefertigt werden. Ideale Anlässe zum Herstellen von solchen individuellen Werken sind z.B. Töpferkurse. Da es daheim an den Maschinen oder dem Werkzeug fehlt, ist das Besuchen eines Kurses immer eine gute Idee. Dort können Sie unter Anleitung schöne Einrichtungsgegenstände herstellen und gleich z.B. bunt bemalen und brennen oder glasieren lassen.

Modelliermasse

Eine günstige und daheim leicht umsetzbare Variante stellt die Modelliermasse dar. Diese kann z.B. in Baumärkten, Deko- oder Bastelfachgeschäften günstig erworben werden. Wichtig ist, dass die Modelliermasse ungiftig ist. Ist sie laut Packungsangabe für Kinder nicht schädlich, kann Sie auch für das Hamsterheim verwendet werden. Ihr Vorteil ist das leichte Formen. Ein weiterer klarer Bonuspunkt ist die Trockenart. Viele Modelliermassen sind lufttrocknend, das bedeutet, dass sie lediglich zu Hause etwas stehen müssen, bevor Ihr Hamster seinen Spaß damit haben kann.

Werke aus Ton und Modelliermasse

Hier eine kleine Liste mit Dingen, die Sie aus Ton oder Modelliermasse zaubern können. Lassen Sie Ihrer Fantasie freien Lauf.

Ecktoilette: Toiletten können ideal aus Ton geformt werden. Modelliermasse eignet sich dafür nicht, da sie bei Kontakt mit Urin aufweicht. Die Toilette können Sie als Dreieck für die Ecke oder viereckig formen. Vielleicht auch mit einer kleinen Vertiefung für das leichtere ein- und aussteigen. Glasiert können Sie die Toilette optimal reinigen. Die Maße richten sich nach dem Haus, in dem die Toilette aufgestellt werden soll. Als Dreieck ist eine Seitenlänge von mindestens 10 x 10 cm und eine Höhe von mindestens 5 cm zu empfehlen.

Haus: Große oder kleine Häuser aus Ton sind schön dunkel und ein beliebter Ort zum Einkuscheln oder zum Hamstern von Vorräten. Denken Sie daran, gleich nach dem Formen Luftlöcher z.B. mit einem Zahnstocher hineinzustechen. Etwas drehen, damit das Loch größer wird.

Trinkflaschenhalter: Mit etwas Geschick gelingt Ihnen auch dies. Achten Sie darauf, dass z.B. das Loch für das Rohr groß genug ist und der Halter einen festen Stand hat. Er sollte nicht umgekippt werden können.

Futternapf: Soll auch Ihr Futternapf eine individuelle Note bekommen, dann lässt er sich in allerlei Formen selbst herstellen. Ob nun traditionell als Kreis, Viereck oder ausgefallen, z.B. in Form eines Herzens oder Blattes. Er sollte 2–3 cm hoch sein.

Badewanne: Auch ein großes Sandband können Sie aus Ton herstellen. Dabei können Sie ebenfalls die Form frei wählen und es so groß gestalten, dass Ihr Hamster sich darin genussvoll wälzen kann. Je größer die Schale, desto besser, damit der Hamster sich darin auch wälzen und im Kreis drehen kann. Für einen Zwerghamster ist eine Mindestgröße von 15 x 15 cm bei eckigen Badegelegenheiten bzw. ein Durchmesser von 15 cm bei runden Schalen empfehlenswert. Für einen Mittelhamster bieten sich bei eckigen Sandbädern 20 x 20 cm an, bzw. einen Durchmesser von 20 cm bei runden Schalen.

Formen leicht gemacht
Benutzen Sie als Hilfe z.B. für einen Tunnel eine Plastikflasche. Nehmen Sie dafür nur eine Längshälfte der Plastikflasche, denn ganz umschlossen ist der Tunnel schwer lösbar. Schalen oder Schüsseln können als Vorlage für Häuser dienen.

Auslauf für flinke Nager

Ihr Hamster braucht viel Bewegung. In der freien Natur würde er in Tunnelsystemen leben und lange Strecken bei der Futtersuche zurücklegen. Ist sein Heim groß genug, dann kann er natürlich dort flitzen, zusätzlich können Sie mit einem selbstgebauten Auslauf Raum schaffen.

Lassen Sie Ihren Hamster jedoch niemals frei im Zimmer laufen. Zwar macht es ihm sicher großen Spaß, jeden Winkel zu erkunden, aber ihn einzufangen ist fast unmöglich. Hamster können sich in jeder Ritze verstecken und sind nur schwer wieder herauszulocken. Außerdem ist ein Zimmer voller Gefahren für den kleinen Kerl. Deswegen sollte der Auslauf immer abgegrenzt sein.

Viel Platz zum Flitzen und Entdecken.

Einen ausklappbaren Auslauf bauen

Der zusammenklappbare Auslauf lässt sich leicht nachbauen und ist sehr praktisch.

Materialliste:

- Sperrholz: min. 4 mm Stärke. Je dicker das Holz, desto standhafter wird der Auslauf.
- Zollstock
- Stift
- Tischkreissäge oder bereits zugeschnittene Sperrholzplatten
- Bohrmaschine, Bohrer (2–3 mm)
- Kabelbinder
- Seitenschneider
- Schmirgelpapier

Schnell aufgebaut, schnell abgebaut.

Schritt 1: Bestimmen Sie die Größe. Sie können die Form dem Zimmer anpassen. Die Elemente sollten mindestens 50 cm breit und 50 cm hoch sein, damit Sie auch hohe Einrichtungsstände hineinstellen können, ohne dass diese dem Hamster als Ausbruchshilfe dienen. Sie können sich die Elemente meist direkt im Baumarkt zuschneiden lassen. Die Anzahl der Wände bestimmt die Größe des Auslaufes. Mit zwölf Wandelementen – bei vier Seiten sind das drei je Seite – kommen Sie auf über 2 m². Genug Platz zum Rennen und schnell auf- und abbaubar.

Info

Falls Sie wegen der Knabbergefahr lieber keinen Kabelbinder verwenden möchten, können Sie die Auslaufelemente mit Scharnieren oder breiten Klettbändern (diese werden hinten angebracht, außerhalb der Reichweite des Hamsters) befestigen.

Schritt 2: Markieren Sie mit einem Stift in jeder Wand die Bohrlöcher, durch die später die Kabelbinder geführt werden. Sie müssen seitlich an den Wänden dicht am Rand angebracht werden, damit keine Lücken zwischen den Wandelementen entstehen. Der Abstand zum Boden bzw. zum oberen Rand kann ca. 12 cm entfernt sein. Jetzt bohren Sie die Löcher mit jeweils einem für den verwendeten Kabelbinder passenden Durchmesser.

Schritt 3: Legen Sie die Wände aneinander. Notieren Sie außen ein A, denn der Verschluss muss nach außen ragen. Die Lücke zwischen den Wänden muss 1–2 mm betragen, damit Sie ihn zuklappen können.

Schritt 4: Es bleiben zwei nicht verbundene Wände übrig. Sie können den Auslauf aufstellen und formen. Soll er dauerhaft stehen bleiben, verbinden Sie beiden Wände mit Kabelbinder. Möchten Sie den Auslauf jedoch nur bei Bedarf aufbauen, stellen Sie die offenen Enden in eine Ecke des Raumes und stützen ihn mit schweren Gegenständen oder Möbeln.

Bedenken Sie ...

Natürlich wird Ihr Hamster sich über den Auslauf sehr freuen, aber Hamster sind kleine und schreckhafte Tiere. Sie haben ihr festes Nest und wollen am liebsten selbst bestimmen, wann sie es verlassen und wann nicht. Leider können Sie Ihren Hamster nicht einfach fragen, ob er nun Lust auf eine Runde im Auslauf hat, deshalb ist es immer schön für ihn, wenn er sich nach Belieben in sein Heim zurückziehen kann. Da bietet es sich an, das Hamsterheim in den Auslauf zu stellen. Andere Haustiere sollten natürlich keinen Zugang zu dem Raum haben. Möglich wäre noch ein feststehender Auslauf mit z.B. einem Holzrahmen mit Gitter als Deckel, damit kein anderes Haustier den Auslauf umstoßen oder öffnen kann. Ein Eigenbaugehege können Sie vielleicht über eine Rampe oder einen Tunnel mit dem Auslauf verbinden. Denken Sie auch daran, im Auslauf keine Einrichtungsgegenstände direkt an den Wandelementen zu platzieren, sonst könnte der Hamster darüber vielleicht hinausklettern und entwischen.

Keine Auslaufkugeln

In dieser Kugel gefangen, kann der Hamster kaum die Richtung bestimmen. Oft stolpert er über die eigenen Füße und stürzt aufgrund des Schwungs. Die Belüftung im Inneren ist schlecht. Schnell kann die Kugel wegrollen, gegen ein Möbelstück stoßen oder die Treppe hinabrollen! Eine tolle Aussicht hat der kurzsichtige Hamster ebenfalls nicht. Er kann keine Gerüche wahrnehmen, nichts erklimmen oder betasten. Zudem wurden Laufkugeln von der Tierärztlichen Vereinigung für Tierschutz e. V. (TVT) als tierschutzwidrig und gesundheitsschädlich eingestuft.

Die Alternative: Wenn Sie Ihrem Hamster etwas Gutes tun wollen, dann nehmen Sie ihm nicht den „normalen" Auslauf. Ein Klappauslauf ist schnell gebaut und nimmt keinen Platz weg, da er wieder weggestellt werden kann. Auch feste, artgerecht eingerichtete Ausläufe können wahre Blickfänge in Ihrer Wohnung werden. Hier kann Ihr Hamster klettern, rennen, buddeln und schnüffeln. Das lässt das Hamsterherz höher schlagen!

Ein selbstgebauter, ausklappbarer Auslauf ermöglicht es Ihnen, Ihrem Hamster zusätzliche Bewegung und Abwechslung zu verschaffen.

Etagen, Rampen, Brücken und Röhren

Etagen

Zusätzliche Ebenen sind eine ideale und einfache Lösung, um im Hamsterheim mehr Platz für Ihren Liebling zum Spielen, Erkunden, aber auch Rennen zu schaffen.

Schritt für Schritt

Zu Beginn wählen Sie passende Maße. Danach entscheiden Sie sich für eine Form. Ebenen können dreieckig sein, damit sie in eine Ecke passen, rechteckig oder eine ganz andere Form haben. Die Form bestimmt die Anzahl der für die Ebene benötigten Beine. Die Beine können aus Leisten, Stangen oder Holzseitenwänden bestehen. Letztere sollten eine große Öffnung bekommen, falls Sie nicht wollen, dass Ihr Hamster dort sein Nest hinverlegt. Befestigen Sie die Beine am besten mit lösungsmittelfreiem Holzleim. Nägel eignen sich weniger, da der Hamster diese durch Nagen freilegen und sich daran verletzen kann.

Sehr beliebt sind Laufradebenen. Das Laufrad Ihres Hamsters können Sie auf die Ebene stellen. So nimmt es unten – wo ihr Liebling spielt und rennt – keinen Platz weg. Damit das Laufrad nicht rutscht, sollten Sie die Halterung nachzeichnen und entlang der aufgezeichneten Linien Holzleisten anbringen.

Eine Ebene aus Holz ist schnell gebaut und bietet zusätzlichen Platz.

Aufgang

Eine Ebene sollte mindestens über eine Rampe als Aufgang verfügen. Bei größeren Ebenen bieten sich zwei oder mehrere Rampen an, die gerne unterschiedlich hoch und groß sein dürfen und unterschiedliche Oberflächen haben können (z.B. Streben oder Holzscheiben) und so für Abwechslung sorgen.

Standort

Im Gehege ist die zusätzliche Ebene an der Wand platziert, was die Gefahr von Stürzen reduziert. Denken Sie auch daran, dass das Hamsterheim immer überdacht sein sollte, damit die Ebenen nicht als Ausbruchshilfe dienen. Wollen Sie die Ebene in den Auslauf stellen, dann sollte sie nicht am Rand stehen, da sie sonst als „Sprungbrett" nach draußen benutzt werden kann.

Ebenen für Käfige

○ Plastiketagen sollten entfernt werden. Sie werden oft angenagt und können so zu gesundheitlichen Problemen führen!

○ Im Gitterkäfig kann ein einfaches Brett als Ebene dienen, das genau zwischen die Stäbe passt. Andernfalls können Sie Haken seitlich in das Brett drehen und im Gitter einhängen.

Für Kletterbegabte: eine Hamstertreppe.

Ein Häuschen mit Aufgängen zum Dach.

Alternative Ebenen. Ebenen aus Plastik oder Gitter eignen sich nicht, allerdings müssen die Ebenen nicht immer aus Holz gefertigt werden.

Eine Alternative ist eine Ebene aus Pappe und Papprollen-Beinen. Die Pappe sollte so dick wie möglich sein, da sie sich unter dem Hamster nur minimal verbiegen darf, Umzugs-kartons eignen sich z.B. gut. Es sollten keine Klebestreifenreste an der Pappe sein und sie sollte nicht bedruckt sein. Kartons, die als Verpackung z.B. für Waschmittel oder andere Reiniger genutzt wurden, sind ungeeignet, da sie noch Reste davon enthalten können. Es können auch zwei Pappestücke aufeinander-gelegt und mit Sisalband verbunden werden, dann sind sie doppelt so stark. Dafür muss in alle vier Ecken jeweils ein Loch geschnitten werden, durch diese Löcher wird dann das Band gezogen.

Die andere Alternative ist die Ebene aus aus-gedienten, verwaschenen Handtüchern oder Leinentüchern. Fest spannen, damit es nicht wackelt und gut befestigen z.B. mit einem Holzrahmen. Diese Ebene dient im Gegen-satz zu den anderen Ebenen jedoch nicht als zusätzliche Lauffläche.

Rennbahnen

Hamster sind Bodentiere, auch wenn sie gerne einmal einen Ausflug in die Höhe wagen. Sie brauchen viel Platz, weil sie gerne rennen. Eine besondere Form von Ebene passt sich diesem Bedürfnis an: die Rennbahn. Dabei handelt es sich um eine verhältnismäßig schmale Ebene, die sich von links nach rechts erstreckt und somit die hintere Wand bedeckt. Aufgänge an beiden Seiten bieten sich dafür an, manchmal auch ein Geländer aus einer Holzleiste, Dübeln ab 10 mm Stärke oder Plexiglas. Um die Ebene zusätzlich interessanter zu machen, eignen sich Röhren z.B. aus Pappe oder Weidenbrücken zum Durchhuschen.

Sicherheitstipps

Fallhöhe: Hamster sind kurzsichtig und können Höhen nicht gut abschätzen. Daher gilt die Faustregel, dass bei einem Sturz Mittelhamster nicht tiefer als 20 cm bis zur Einstreu und Zwerghamster nicht tiefer als 15 cm bis zur Einstreu fallen dürfen. Stellen Sie nichts unmittelbar neben oder unter die Ebene, damit Ihr Hamster sich bei einem Aufprall nicht verletzen kann.

Luftzirkulation: Besonders in Aquarien gilt, dass nur ein Drittel der Fläche bedeckt werden sollte, damit der Luftaustausch weiterhin optimal gelingen kann. Kalkulieren Sie dies mit ein.

Brücken-ABC

Damit das Hamsterheim zu etwas ganz Besonderem wird, können Sie mit einfachen Mitteln große, kleine, lange oder kurze Bücken selber bauen. Diese Brücken können Sie nach Ihren Wünschen gestalten. Auch als Rampe oder Ebene eignen sie sich hervorragend.

Die ersten Schritte: Neugierig erkundet der Hamster das neue Objekt.

Schritt für Schritt

○ Zeichnen Sie die Brücke auf. Die höchste Stelle sollte max. 15–20 cm hoch sein. Sind Sie zufrieden mit Ihrer Skizze, dann sägen Sie die Holzteile aus.

○ Schleifen und runden Sie gründlich die Ränder ab. Legen Sie eine Seite hin und nehmen Sie die gleichlangen Holzdübelstücke (Durchmesser mindestens 10 mm) zur Hand. Die Dübel werden zwischen die beiden Seitenteile geklebt und sind somit die spätere Lauffläche. Je länger die Dübel sind, desto weiter liegen die Brückenwände auseinander und umso mehr Platz hat der Hamster zum Laufen. Die Länge der Dübel bestimmt die Breite der Brücke.

○ Als nächstes zeichnen Sie eine Linie ein, wo später die Dübel aufgeklebt werden sollen. Geben Sie nun Leim auf die eingezeichnete Linie und drücken Sie dort die Dübel an. Zwischen den Dübeln dürfen sich keine Lücken befinden, in denen später die Füßchen des Hamsters stecken bleiben könnten.

○ Damit alles gut hält, können Sie an den Beinen noch Hölzer befestigen. Dazu werden unten oder oben an den Beinen ein, zwei Dübel befestigt, die ebenso breit wie die Brücke sind. So ist oben das linke und rechte Gerüst durch die Brücke verbunden und unten an den Beinen durch die einzelnen Streben. Außerdem sind diese Hölzer bzw. Dübel zusätzliche Kletteranreize für Ihren Hamster.

○ Lassen Sie alles trocknen und verteilen Sie den Leim auf der freien Seite der Dübel, damit die zweite Wand angebracht werden kann.

○ Kontrollieren Sie mit der Wasserwaage, ob alles gerade ist, denn eine schiefe Brücke wackelt und ist instabil. Danach können Sie zum Beschweren vorsichtig Bücher darauf legen. Achten Sie aber darauf, dass die zweite Seite nicht verrutscht.

Jede Brücke eine neue Verwendung!

So eine Brücke kann in Ihrem Hamsterheim allerlei Verwendung finden. Ist Ihnen eine Ebene als Rennbahn zu langweilig? Dann gestalten Sie doch eine lange Brücke, die vielleicht sogar um die Ecke geht. Sie können eine gerade Lauffläche bauen oder mit vielen großen und kleinen Wellen, die Ihr kleiner Freund erklimmen kann. Auch können Sie kleine Brücken als Rampen für Häuser oder Ebenen nutzen. Den Platz unter der Rampe können Sie auch zum Haus umgestalten. Dunkle Ecken sind genau richtig für Hamster! Scharfe Kanten und Splitter müssen entfernt werden.

Papprollenbrücke

O Mehrere Papprollen werden am vorderen und am hinteren Ende mit Sisalband aneinander befestigt. Sie sollte nun nicht mehr wackeln, sondern stabil genug sein, damit Ihr Hamster sie begehen kann. Eine solche Brücke hat eher einen Spielcharakter und ist eine kleine Herausforderung und Abwechslung.

O Befestigen Sie die Brücke links bzw. rechts am Gitter, der Wand oder zusätzlich an der Decke für die möglichst beste Stabilität (an der Decke nur, wenn eine Ebene darunter ist, sonst wäre das zu hoch).

O Diese Brücke sollte nicht zu hoch hängen, da sie leicht beknabbert werden kann, dann instabil wird und auseinanderbrechen kann.

Weidenbrücke selbermachen

Mit etwas Blumendraht, Haken und dickeren Ästen können Sie ganz einfach eine Weidenbrücke selbst bauen. Anstatt der Äste können auch z.B. Holzdübel verwendet werden. Schneiden Sie diese auf die gleiche Länge zu, bei Zwerghamstern ca. 10 cm, bei Mittelhamstern ca. 15 cm. Als nächstes bohren Sie je zwei Löcher an den Seiten in jeden Ast und fädeln dort den Draht durch. Die Enden zusammendrehen, damit keine Verletzungsgefahr besteht. Die Brücke wird stabiler, wenn Sie anstatt zwei Drähten ein langes Drahtstück verwenden und es links und rechts durch die Brücke ziehen. Mit den Drahtenden können Sie die Brücke auch z.B. am Gitter befestigen. Zur Befestigung können Sie alternativ auch Haken in die Brücke drehen und sie damit einhängen. Die Brücke können Sie mit der Hand oder einem Hammer in die gewünschte Form bringen.

Eine Weidenbrücke ist schnell gebaut.

Tausendundeine Rampe

Hamster sind muntere Tierchen, allerdings sehen sie nicht allzu gut, weshalb Ebenen ohne Aufgang oft unbeachtet bleiben. Im Alter wird der Hamster gemütlicher und begrüßt kleine Hilfen im Alltag. Im Gegensatz zu Leitern gibt es bei Rampen keine Lücken, weshalb sie besser geeignet sind.

Jeder Hamster hat bestimmte Vorlieben und Abneigungen. Nicht jede Rampe wird angenommen und schnell werden Sie sehen, dass einige Rampen mehr und andere weniger genutzt werden. Beobachten Sie Ihren Hamster, um seine Vorlieben zu treffen.

Achtung!

Bei Rampen sollten Sie beachten, dass sie nicht zu steil werden. Ein Winkel steiler als 45° macht das Besteigen sehr schwer und gefährlich. Je höher eine Ebene ist, umso länger muss die Rampe sein. Zwischen den Sprossen sollten Sie 2–3 cm Platz lassen. Es ist wichtig, dass Ihr Hamster genug Platz zum Laufen hat, also sind mindestens 5–6 cm Breite angebracht. Je größer der Hamster, desto breiter sollte die Rampe sein. Geländer z.B. aus Plexiglas können schützen, aber auch zum Draufklettern verleiten. Daher sollte dann das Geländer in die Fallhöhe miteinberechnet werden und diese gegebenenfalls auch niedriger angesetzt werden, wenn der Hamster dazu neigt, beim Klettern hinab zu springen oder zu fallen.

Info

Bombensicher befestigt!

Wenn Sie ein Holzstück oder einen Dübel auf der Rückseite einer Rampe festkleben, können Sie diese damit an der oberen Kante einer Buddelbox einhängen. Seile werden leicht durchgenagt und eignen sich daher nicht zur sicheren Befestigung von Rampen.

Allerlei Rampen im Überblick

Strebenrampe: Ein langes Stück Holz dient als einfachste Variante. Auf diese Holzplatte werden die Streben aus Holzstreifen oder Dübeln geklebt. Flache Sprossen sind allerdings angenehmer, sie bieten Halt und sind leicht zu überwinden. Lassen Sie 2–3 cm zwischen ihnen frei.

Steintreppe: Als Variante zum Holz kann eine Steintreppe dienen, z.B. aus Ytongstein. Dieser lässt sich schnell in die richtige Größe bringen. So lässt sich Ytongstein ganz leicht mit Hammer und Meißel zerbrechen und z.B. mit Schmirgelpapier oder bei gröberen Arbeiten mit einer Werkzeugfeile sehr gut schleifen. Die unterste Ebene sollte schön groß sein und nach oben kleiner werden. Je höher die Steintreppe sein soll, desto größer muss die unterste Ebene sein. Denken Sie daran, dass idealerweise links, rechts und vorne etwas Abstand von der oberen zur unteren Stufe ist. Ist z.B. die erste Stufe z.B. 20 x 10 cm groß, dann sollte die nächste Stufe z.B. 15 x 7 groß sein. So kann der Hamster von jeder Seite hinab steigen und es kann nichts passieren.

Weidenbrücke: Weidenbrücken sind vielseitig einsetzbar. Auch als Rampe kann sie im Gehege ihren Platz finden. Gegebenenfalls können Sie die Weidenbrücke noch an einem Stück Holz befestigen, um für optimale Stabilität zu sorgen.

Modellierrampe: Modelliermasse (siehe Seite 29) ist ideal, um z.B. eine Rampe herzustellen. Sie können kleine Kieselsteine ohne scharfe Kanten hineindrücken und so die Basis für die gute Begehbarkeit schaffen. Denken Sie daran, die Steine gut abzukochen und zu schrubben.

Wichtig ist, dass Sie die Befestigung (z.B. Haken) an der Rampe anbringen, wenn die Masse noch weich ist. Denn wenn die Masse hart ist, ist es zu spät, um z.B. noch Löcher hineinzustechen.

Ein Blick durch die Röhre

Es gibt nichts Natürlicheres für einen Hamster als Tunnel. In der Natur gräbt er lange Tunnel hinab ins kühle Erdreich und verbindet so die unterschiedlichen Kammern seines Baus. Zwei Ausgänge engen ihn nicht ein und sorgen für ein Gefühl der Sicherheit.

Röhrenvariationen

Korkröhren: Diese gibt es in verschiedenen Größen z.B. in den Aquaristikabteilungen des Zoofachhandels. Die Röhren sollten unbehandelt sein, damit der Hamster beim Anknabbern keine schädlichen Substanzen aufnimmt.

Baumstammtunnel: Auch können Sie Baumstümpfe kaufen, die in der Regel mehrfach durchlöchert sind. Achten Sie hier auf die Größe der Löcher, die oft nur für Zwerghamster geeignet sind, auch wenn auf der Verpackung Goldhamster abgebildet sind. Für Mittelhamster müssten die Löcher einen Durchmesser von 7 cm aufweisen.

Holztunnel: Schnell und einfach ist ein Tunnel aus Holz hergestellt. Nehmen Sie drei gleich lange Holzbrettchen, die in etwa die gleiche Höhe haben. Nun kleben Sie zwei davon als Seitenteile auf das dritte. Die offene Seite wird auf den Boden gestellt. So haben Sie einen Tunnel mit zwei Ausgängen (s. Foto). Interessanter können Sie das ganze durch Ein- und Ausgänge links und rechts gestalten. Ein Boden ist nicht nötig.

Bambustunnel: Bambusröhren gibt es ebenfalls im Zoofachhandel. Achten Sie auch hier auf den Durchmesser der Löcher. Weitere Luftlöcher können hineingebohrt werden.

Ungeeignete Röhren

Zugegeben: Bunte Plastikröhren, die sich um Käfige schlingen, sind ein wahrer Blickfang. Leider sind diese Röhren für kein Nagetier geeignet. Einerseits ist es in Plastikröhren sehr stickig und die Luft kann nicht entweichen. Urindämpfe können hier gefährlich werden. Weiterhin ist Plastik gefährlich, da es oft angenagt und verschluckt wird. Dies kann zu Verletzungen im Körperinneren führen. Vielmehr wird sich Ihr Hamster über Tunnel aus einem Material freuen, welches ihm nicht schadet, sondern z.B. beim Zahnabrieb noch Nutzen bringt.

Abenteuertunnel

Ein Tunnel ist ein gutes Versteck und ein schöner Rückzugsort. Wollen Sie Ihrem Hamster etwas mehr bieten, dann lassen Sie Ihrer Kreativität freien Lauf und bauen Sie ihm Tunnelsysteme. Denken Sie dabei daran, dass es mehrere Ausgänge und genügend Luftlöcher gibt. Weidentunnel können hintereinander aufgestellt werden und auch Holztunnel können sie z.B. durch Eckstücke verbinden. Eine andere Alternative sind Labyrinthe, die denselben Effekt erzielen wie Tunnelsysteme.

Tunnel und Brücke in einem.

Papprollen einmal anders

Nicht alle Spielzeuge müssen gebaut oder gekauft werden. Oft können Sie Materialien aus dem Alltag verwenden, die sonst weggeworfen werden. Zu Papprollen zählen unter anderem Klopapier-, Küchen-, Post- oder auch Teppichrollen. Sammeln lohnt sich!

Für Zwerghamster

Einfacher Tunnel: Klopapier- oder Küchenrollen können in das Gehege gelegt werden. In die längere Küchenrolle können Sie auch noch seitlich einen weiteren Aus- bzw. Eingang schneiden. Befestigen können Sie die Tunnel z.B. mit Band am Gitter oder an der Decke.

Einfaches Tunnelsystem: Da die Hamster die Tunnel benagen, sollten Sie beim Verbinden gut überlegen, womit Sie dies tun. Das Ineinanderstecken ist die einfachste Variante. Dazu schneiden Sie seitliche Löcher, in die Sie eine andere Röhre hineinstecken. Allerdings nur ganz leicht, damit der Gang nicht versperrt wird. Denken Sie an zusätzliche Luftlöcher.

Tunnelsysteme deluxe: Tunnelsysteme lassen sich mit Toilettenpapier und einer Wassersprühflasche stabiler machen. Dabei müssen Sie allerdings darauf achten, dass sich die Rolle wegen des Wassers nicht verformt oder zu weich wird. Die vorher zusammengesteckten Röhren können so verbunden werden, ohne, dass Ihr Hamster das Ganze auseinandernimmt.

:Aha!:

Das gewisse Extra für Tunnelsysteme

- Zwischen den Tunneln können Häuser als Verbindungsstück dienen. Diese können Sie mit Klopapier und Wasser selber herstellen.

- Nehmen Sie eine Form ihrer Wahl, z.B. einen Luftballon. Papier befeuchten, an den Luftballon drücken und mehrere Schichten auftragen.

- Beispielsweise auf der Heizung trocknen lassen, Luftballon zerstechen und entfernen, danach Ein- bzw. Ausgang für die Röhren hineinschneiden.

Hängende Tunnel

○ Aufgehängte Tunnel haben den Vorteil, die Höhe zu nutzen und nicht untergraben zu werden.

○ Generell sollten diese Tunnel mit Draht, in dem sich der Hamster nicht verfangen kann, oder Haken bzw. Ösen befestigt werden, da Seile angenagt werden und dadurch das Ganze instabil wird.

○ Holztunnel, Papprollen oder Bambusröhren können stabil und sicher z.B an der Decke oder seitlich am Gitter befestigt werden.

Tunnel für Mittel- und Zwerghamster

Klopapier- und Küchenrollen sind für Mittelhamster zu klein, um als Tunnel genutzt zu werden. Für Mittelhamster eignen sich größere Tunnel z.B. Postrollen oder Teppichrollen. Auf glatter Oberfläche rollen diese allerdings und sollten deshalb immer in Streu gedrückt oder am Gitter befestigt werden. Teppichrollen erhalten Sie oft kostenlos in Fachgeschäften. Diese können Sie dann zerschneiden und so mehrere Tunnel daraus machen. Bohren Sie noch einige zusätzliche Luftlöcher hinein.

Mehr als nur ein Tunnel

In Rollen können Sie Leckerlis verstecken. Zwischen Heu muss Ihr Hamster erst ein wenig wühlen. Oder schneiden Sie die Rollen in der Mitte durch. Daraus werden kleine Hindernisse, die in ein Labyrinth gelegt werden. Aufgestellt können Sie Rollen z.B. mit Band verbinden und daraus ein Lauflabyrinth mit vielen Wegen machen. Diese Wand kann auch als Abgrenzung zu einer Sandecke dienen. Mehrere unterschiedlich lange Rollen können zu einer Treppe mit festem Untergrund werden. Sie sollten mit dem Untergrund verbunden werden. Oben kleben Sie viereckige Stücke aus dicker Pappe über die Löcher. Der Abstand sollte für Mittelhamster ca. 5 cm, für Zwerghamster ca. 2 cm betragen. Die höchste Stelle 20 bzw. 15 cm. Für einen Kletterberg können Sie die Rollen z.B. pyramidenartig anordnen, sodass Ihr Hamster diese besteigen kann.

Für Zwerghamster ideal: Papprollen als Tunnel.

Buddeln und klettern

Buddeln nach Herzenslust

Das Buddeln liegt Ihrem kleinen Liebling im Blut. In der Natur gräbt er sich eine gemütliche Höhle mit vielen Kammern und langen Gängen.

Der Buddeltrieb

Hamster sind clevere Tiere, die sich optimal ihrer Heimat angepasst haben. Gegen die heiße Sonne am Tage haben sie ein Heim unter der Erde. Gern bis zu einem Meter tief. Dort verschlafen sie den heißen Tag und wagen sich nachts aus dem sicheren Bau mit mindestens zwei Ein- und Ausgängen. In Obhut des Menschen braucht der Hamster diese Kammern nicht, da er oft ein schönes Haus bereitgestellt bekommt, aber dennoch ist der Buddeltrieb tief verwurzelt und will ausgelebt werden. Dies können Sie auf unterschiedlichste Art und Weise realisieren.

Holzkiste: Einfach und schnell ist eine Holzkiste gebaut, in die Sie z.B. Chinchillasand streuen können. Die Höhe bleibt Ihnen überlassen. Bei mehr als 10 cm bietet sich eine Aufstiegshilfe an.

Schuhkarton: Die günstigste Variante ist ein Schuhkarton. Mehrere Kinderschuhkartons können mit unterschiedlichem Material befüllt werden. Ist der Karton beschädigt, wird er einfach ausgetauscht.

Bonbonglas: Beliebt sind große Bonbongläser, die mit der Öffnung zur Seite ins Gehege gelegt werden. Der geringe Luftaustausch ist hier in der Regel kein Problem, da der Hamster nicht im Glas schläft, keine Gänge darin baut und sich auch sonst meist nicht lange darin aufhält. Trotzdem sollte das Glas natürlich nicht vollständig mit Sand gefüllt werden.

Schalen: Metallschalen, die eigentlich als Futternäpfe für Hunde gedacht sind, können zu Buddelschalen umgewandelt werden.

Trennwände: Zwei Aquarien können verbunden werden und eines wird eine riesige Buddellandschaft. Eine hohe Trennwand aus Holz kann einen Teil für Sand abtrennen.

Buddelboxen selbst gebaut

Buddelboxen können Sie individuell Ihrem Gehege anpassen. Ob nun als Viereck, Dreieck, Doppelboxen oder als wahrer Fühlweg – Ihrer Fantasie sind keine Grenzen gesetzt. Nehmen Sie am besten dickes und stabiles Holz und denken Sie an einen Boden. Anders als bei einem Haus wird dieser benötigt, damit Sie die Box hochheben und ausleeren können. Schneiden Sie die Seiten zurecht. Die Maße bestimmen Sie selbst, denken Sie daran: Je höher der Rand ist, desto tiefer kann Ihr Liebling graben. In der Ecke sind Buddelboxen gut geeignet. Dort ist es ruhig und etwas dunkler. Leimen Sie die Seiten gut fest, genau wie den Boden. Luftlöcher können Sie dezent rundherum anbringen. Mal höher, mal tiefer. Ein Eingang bietet sich weit oben mit einer Rampe an.

Info

Erlebniswelt Buddelbox

- Chinchillasand reinigt das Fell und darin kann super gebuddelt werden.

- Verwenden Sie im restlichen Käfig normale Kleintiereinstreu, dann bietet sich in verschiedenen Buddelboxen z.B. Mais- oder Hanfeinstreu an.

- Natur pur? Etwas ungedüngte Erde eignet sich für Kurzhaarhamster. Aufgrund der darin enthaltenen Feuchtigkeit sollte die Box nicht in der Nähe des Schlafhauses stehen.

- Alternative: getrocknete Blätter von z.B. Apfelbäumen, Pappel oder Haselnussstrauch.

- Sie können für eine oder mehrere Seiten Plexiglas verwenden, um in die Buddelbox hineinschauen zu können.

Kletterwände für agile Hamster

Zwar hat die Natur andere Pläne mit Hamstern gemacht, doch wollen viele trotz fehlendem Talent gerne klettern. Um diesen Wunsch zu erfüllen, können Sie einen Klettergarten schaffen, der nicht zu wagemutigen Drahtseilakten verleitet und trotzdem Raum zum sicheren Austoben bietet. Beim Gitterkäfig ist der Hamster schnell hochgehuscht und kann dann stürzen. Das passiert bei einem gut geplanten und strukturierten Klettergarten nicht. Er besteht aus mehreren Ebenen und unterschiedlichen Rampen und kann sogar mit einer Buddelschale kombiniert werden.

Der einfache Klettergarten

In der Regel hat der Klettergarten eine Bodenschale mit hohem Rand, damit Einstreu eingefüllt und er auch in den Auslauf gestellt werden kann. Zwei von vier Seiten sind offen.
Die Maße können Sie individuell Ihrem Hamsterheim anpassen. Denken Sie jedoch daran, dass Ihr Hamster nie mehr als 15 bzw. 20 cm fallen sollte und bei einem möglichen Sturz auf dicker Einstreu landet.

Das Streubecken: Es sollte mindestens 5 cm dick eingestreut werden können. Idealerweise ist der Rand noch etwas höher, damit die Streu nicht so leicht herausgeworfen werden kann.

Die Wände: Es sollten mindestens zwei Seitenwände höher sein und aus dickerem (mindestens 8 mm starkem), nicht biegsamem Holz bestehen. Die Wände müssen stabil sein, damit sie die Ebenen halten können. Die Wände können zu der offenen Ecke hin tiefer werden.

Die Ebenen: Auch die Ebenen sollten dick und stabil sein. Die unteren Ebenen sollten die breitesten sein. Je höher Sie kommen, desto kürzer und schmaler sollten sie werden, damit der Hamster beim Sturz nur auf der nächsten Ebene landet.
Löcher in großen Ebenen können als Einstiegshilfe zur nächsten Etage genutzt werden. Die Ebenen können Sie durch unterschiedliche Rampen, Korkplatten oder dickere Äste verbinden. Diese sollten gut befestigt werden, damit sie nicht abrutschen. Daher sollten Sie angeleimt oder mit Haken befestigt werden, die gut gebogen werden, damit sich z.B. die Rampe nicht löst. Kontrollieren Sie die Stabilität der Wände, Ebenen und Rampen.

Sicherheitstipps. Keine Nägel benutzen, sondern lösungsmittelfreien Holzleim. Diesen gut trocknen lassen und danach alle Ebenen testen, indem Sie diese drücken oder etwas darauf legen.
Ebenen nicht zu weit auseinander befestigen (1–2 cm), damit Ihr Hamster nicht fällt. Alle Ecken und Spitzen gut abschleifen.

Luxusklettergärten

Die Wände der unteren Schale können je nach Einstreuhöhe 5–15 cm hoch sein, dann dient der Boden des Klettergartens auch als kleine Buddelbox. Damit Ihr Hamster dennoch gut hineingelangt, können Sie Löcher hineinschneiden, ggf. mehrere nebeneinander. Das sieht nicht nur gut aus, sondern ist auch eine ideale Einstiegshilfe für Ihren Hamster.

Kletterparadies

Neben dem Klettergarten können Sie Ihrem Hamster auch ohne handwerkliches Geschick ein ansprechendes Kletterparadies errichten. Die nachfolgenden Anregungen bieten miteinander kombiniert eine interessante und sichere Kletterlandschaft für jeden kletterfreudigen Hamster.

Kletterfreudige, abenteuerlustige Hamster freuen sich über ungefährliche Klettermöglichkeiten – vor allem, wenn oben eine leckere Belohnung wartet.

Kletterlandschaften aus Stein gestalten

Rampen und Treppen sind einige von vielen Möglichkeiten. Bauen Sie Ihrem Hamster eine abwechslungsreiche Kletterlandschaft und er wird stundenlang darin hoch und runter laufen, bis er jeden Winkel genau erkundet hat. Steine sind optimal für ein solches Vorhaben. Achten Sie darauf, dass ihre Ecken nicht scharfkantig sind.

Klinkerstein: Aus Klinkersteinen können Sie große Kletterhügel und nützliche Treppen gestalten. In Klinkersteine mit Löchern lassen sich Äste hineinstecken, die noch leckere Blätter zum Knabbern tragen. Aufgestellt kann Ihr Hamster die Löcher als Kletterwand nutzen.

Ytongstein: Er ist weich und kann leicht bearbeitet werden. Sie können ihn mühelos auf die richtige Größe anpassen und die Ecken abrunden. Aus Ytong können Sie ebenfalls Treppen formen oder pyramidenartige Gebilde, die Ihr Hamster rauf und runter flitzen kann.

Unterschiedliche Steine: In Fachhandlungen finden Sie in der Aquaristikabteilung Steine in allen Farben, Formen und Größen, die zu einer abwechslungsreichen Felsenlandschaft aufgestellt werden können. Lücken zwischen den Steinen sollten Sie vermeiden, denn darin könnte ein Füßchen steckenbleiben. Sie lassen sich durch etwas Sand auffüllen. Die Steine nutzen außerdem die Krallen ab.

Weitere Anregungen

Neben Steinen können Sie auch große Äste in das Gehege integrieren. Die Äste sollten nicht wackeln, nicht morsch sein und eine angemessene Dicke besitzen, damit sie einen sicheren Stand für Ihren Hamster gewährleisten. Sie können z.B. mit Leckereien behängt werden und so an Attraktivität gewinnen. Aus Korkplatten können Sie ebenfalls eine Kletterlandschaft bauen, dazu sollten Sie auch die Platten auf ihre Stabilität überprüfen. Die günstigere Variante sind Holzscheiben, die ebenso geeignet sind.

Laufräder für kleine Flitzer

Beim Thema Laufrad scheiden sich die Geister vieler Hamsterhalter. Für die einen ist es eine sinnvolle Abwechslung, die jedoch auf gar keinen Fall ein ausreichend großes Gehege ersetzt, und für die anderen ist es sinnlos und gefährlich. Jedoch ist man sich einig, dass Laufräder, falls sie benutzt werden, gewisse Kriterien erfüllen sollten, damit sie als artgerecht gelten und keine gesundheitlichen Schäden anrichten.

Sinn und Zweck

Das Laufrad kann keinen kleinen Käfig in ein Paradies verwandeln. Es schafft keinen zusätzlichen Platz, denn das Laufen in eine Richtung kann kein abwechslungsreiches und großes Gehege voller Verstecke, Hürden und Klettermöglichkeiten ersetzen.
Das Laufen im Rad ist unnatürlich. In der Natur huscht der Hamster von Futter zu Futter und zurück in den Bau. Er ist kein Marathonläufer. Das Laufrad kann also im Idealfall nur eine Ergänzung darstellen, aber niemals einen Ersatz für freie Lauffläche und ein interessant gestaltetes Heim. Das stundenlange Laufen im Rad kommt im Normalfall nur bei einem zu kleinen Käfig vor, der keine Alternativen bietet. Lebt Ihr Hamster aber in einem großen Gehege, voller interessanter Einrichtungsgegenstände, dann kann ein Rad ein zusätzliches Spielzeug sein.

Der richtige Stand

Das Rad sollte nicht auf der Einstreu stehen, da der buddelfreudige Hamster es so schnell zugräbt und das Rad verstopft. Eine glatte Oberfläche kann eine Rutschgefahr darstellen. Seitenstreben hindern es am Verrutschen, ohne das Herausnehmen zu behindern.
Ein guter Platz für ein Laufrad ist eine Extraebene. Stellen Sie das Rad auf die Ebene und zeichnen Sie die Umrisslinien des Standfußes nach. Links und rechts der eingezeichneten Linien befestigen Sie kleine Leisten und kleben diese fest. Danach sollte nichts mehr verrutschen können.

Ungeeignete Laufräder

Grundsätzlich sollten sich keine Plastik- oder Metalllaufräder im Hamsterheim befinden, eine Ausnahme ist z.B. das Wodent Wheel$_{TM}$, dessen Kunststoff ungiftig ist und beim Benagen nicht splittert. Oft sind bei Käfigen bereits Laufräder dabei, meistens aus Plastik. Diese Laufräder entsprechen in keinster Weise den Bedürfnissen von Hamstern und sollten entfernt werden.

Die idealen Laufräder: groß genug und sicher!

Geeignete Laufräder im Überblick

Einige geeignete Laufräder sind beispielsweise diese vier Arten von Laufrädern. Diese Laufräder haben sich bewährt und werden von erfahrenen Hamsterhaltern eingesetzt.

Wodent Wheel_{TM}: Dieses Laufrad entspricht den Anforderungen an ein gutes Laufrad. 27 cm beträgt der Durchmesser und ist für kleinere Hamster gedacht. Es kann sowohl hingestellt als auch an die Decke gehängt werden. Hängen Sie es am besten über eine Ebene. Zwar besteht es aus Plastik, doch dieses ist ungiftig und splittert nicht, wenn es angenagt wird. Der Verletzungsgefahr wurde vorgebeugt, durch fast zeitgleiches Stoppen mit Ihrem Hamster und einem einfachen Ausstieg, ohne störende Streben. Das zeitgleiche Stoppen ist wichtig, da ein Nachschwung den Hamster schnell von den Füßchen reißt. Ein weiterer Vorteil ist, dass es ruhig und leise läuft.

Wobust Wheel_{TM}: Dies ist das größere Wodent Wheel. Der Durchmesser beträgt 30 cm und es eignet sich somit für größere Hamster.

Robo Wheel_{TM}: Mit einem Durchmesser von 20 cm ist dieses Laufrad speziell für die kleinsten Hamster geeignet.

Holzrad: Wer die naturnahe Variante bevorzugt, kann Holzlaufräder käuflich erwerben. Diese sollten Sie genau unter die Lupe nehmen, denn offene Holzsprossen eignen sich nicht für kleine, flinke Hamsterfüße. Auch der Durchmesser sollte stimmen. Bieten Sie genug Material zum Nagen an, denn sonst muss vielleicht das Rad als Ersatz dienen. Das Holz sollte nicht chemisch behandelt worden sein.

Aha!

Das ideale Laufrad

○ Der Durchmesser beträgt für Mittelhamster rund 30 cm und für Zwerghamster rund 25 cm. Zu kleine Laufräder können schwere Folgeschäden wie die Verkrümmung der Wirbelsäule nach sich ziehen.

○ Die Laufbahn besteht nicht aus Gitter, sondern ist geschlossen und hat zusätzliche Sprossen. Der Hamster kann sich so nicht verletzen.

Spielzeug zum Anbeißen gut!

Liebe geht bekanntlich durch den Magen. Bei Hamstern stimmt dies in der Tat! Die kleinen Leckermäuler lassen sich schnell mit etwas Gesundem und Leckerem aus ihrem Versteck locken. Gerade neue Hamster sind oft reserviert und verstecken sich. Lassen Sie Ihren Hamster sich einleben und freunden Sie sich dann mit ihm an. Der beste Weg, sein Vertrauen zu gewinnen, ist das zusätzliche Füttern per Hand. Halten Sie ihm ab und zu etwas Leckeres in das Hamsterheim, er wird bald mutig sein und kosten wollen.

Gras selber ziehen – aber bitte ohne Dünger!

Gesunde Leckereien

Bieten Sie leckere, gesunde und günstige Alternativen! Drops, Gebäck und anderes sind Gift für die Figur, die Backentaschen, den Kreislauf und den Blutzuckerspiegel.

○ **Getreide:** Haferflocken, Gerste, Roggen, Kolbenhirse, grüner Hafer und Buchweizen sind einige Getreidesorten, die Ihrem Hamster schmecken könnten.

○ **Nüsse:** Als selten gegebene Leckerei eignen sich Nüsse wie z.B. Erd-, Hasel- oder Walnüsse. Wegen des hohen Fettanteils sollten sie nicht als ganze Nuss, sondern halbiert bzw. geviertelt maximal zwei Mal die Woche gereicht werden.

○ **Kerne:** Beliebt sind Sonnenblumenkerne, Kürbiskerne oder Pinienkerne. Wie die Nüsse auch, sind sie nur selten zu geben.

○ **Kräuter:** Getrocknete Kräuter sollten ebenfalls in geringen Mengen gegeben werden. Darunter fallen z.B. Brennnesseln, Dill, Gänseblümchen, Hirtentäschelkraut, Kamille, Löwenzahn, Pfefferminzblätter und viele weitere.

○ **Gemüse:** Beispielsweise etwas Möhre, Endivie, Sellerie, Fenchel, Gurke, Steckrübe können gereicht werden.

○ **Obst:** Obst sollte nur selten und in kleinen Mengen verfüttert werden, z.B. Apfel ohne Kern, Banane, Birne, Erdbeere, Heidelbeere und Himbeere.

Gesund punktet! Viele gekaufte Leckereien enthalten viel zu viel Zucker oder andere Zusätze, achten Sie deswegen genau darauf, was Sie Ihrem Hamster kaufen.

Viele Hamster haben Heunester zum Fressen gern.

Kreative Einrichtung zum Knabbern und Klettern

Einrichtungsgegenstände können nicht nur als solche dienen, sondern auch als spannende Spielzeuge, die auch noch lecker schmecken oder die Zähne abnutzen.

Äste und Zweige: Sie sind gut zum Nagen und Klettern. Dicke Weinrebenäste können Sie im Handel kaufen. Aber auch Äste und Zweige aus dem eigenen Garten können das Hamsterheim optisch aufwerten und nützlich sein. Geeignet sind Äste und Zweige von ungespritzten und unbehandelten Apfel-, Pappel- und Birnbäumen oder Haselnuss-, Heidelbeer- und Johannisbeersträuchern.

Wurzeln: Klettern, knabbern und drunter verstecken – all das kann Ihr Hamster damit anstellen.

Weidentunnel und -treppe: Diese Einrichtungsgegenstände gibt es für alle Nagetiere in verschiedenen Größen. Sie eignen sich ideal für den Aufstieg, zum Verstecken oder Anknabbern.

Korktunnel und -platten: Kork ist ebenfalls geeignet für das Hamsterheim. Die Platten können als niedrige Rampen genutzt werden. Sie sollten so hingelegt werden, dass sie nicht verrutschen. Die Tunnel können unterschiedlich lang und groß sein und sollten unbehandelt sein.

Heunester: Heunester gibt es im Zoofachhandel. Die Heunester sollten für Zwerghamster einen Durchmesser von mindestens 5 cm und für Goldhamster mindestens 7 cm haben und ohne Draht gefertigt werden, denn dieser kann freigelegt zu einer Gefahr werden.

Spiel und Spaß

Futter sollte nicht nur im Napf gereicht werden. Als Futtersammler lieben Hamster es, für ihr Futter zu arbeiten, denn das tun sie in der Natur ihr ganzes Leben lang. Verstecken Sie doch Trockenfutter in verschiedenen Winkeln des Hamsterheimes. Oder füllen Sie Futter in Kartons oder Pappröhren. Nüsse oder Kerne können auch im Einstreu oder Sand versteckt werden. Futter kann z.B. mit Sisalseilen aufgehängt werden. Frischfutter sollte nur in der täglich verzehrten Menge gegeben werden, da es im Hamsternest schimmeln könnte.

Kolbenhirse aufhängen: Ein besonderer Leckerbissen ist Kolbenhirse und das nicht nur für Vögel, sondern auch für Hamster. Kolbenhirse können Sie aufhängen und den Hamster animieren, sich ein wenig zu recken und zu strecken. Die Hirse bleibt selten lange hängen und wird schnell in ihre Bestandteile zerlegt und sicher im Nest untergebracht.

Futtersuche: Futter im Napf ist eine leichte Mahlzeit. In der Natur hat der Hamster es schwerer: Dort muss er von Ort zu Ort huschen und nach etwas Fressbarem suchen. Damit verbringt er oft die ganze Nacht. Auch im Hamsterheim wird das Futter schnell aus dem Napf genommen, in die Backentaschen gestopft und ins Nest gebracht. Verteilen Sie einen Teil des Trockenfutters im Gehege. Auf die Nase des kleinen Freundes ist Verlass!

Golliwoog®: Eigentlich als Zierpflanze genutzt, eignet sie sich auch als Futterquelle für viele Tierarten. Golliwoog ist wasserreich und enthält Vitamine und Mineralstoffe.

Futterwiese: Ein Blumentopf, ungedüngte Erde, etwas Wasser und Sonne und schon gedeihen Gras, Hafer, Weizen oder Kräuter. Da sagt kein Hamster Nein. Nach langsamem Anfüttern kann der Topf als kleiner Dschungel im Hamsterheim stehen.

Versteckte Gefahren beim Futter-Spielzeug

Bei kleinen Tieren wie einem Hamster, der neugierig und forsch ist, kann so manches Zubehör gefährlich werden, sehen Sie also genau hin. Metallspieße oder Gitterbälle gehören nicht in ein Hamsterheim – in Gitterbällen kann etwa der Kopf des Hamsters steckenbleiben, und die spitzen Metallspieße können den Hamster z.B. am Auge oder im Rachen verletzen. Alternativ nehmen Sie Sisalband zum Auffädeln bzw. Zweige oder Schaschlikspieße (nach dem Aufspießen des Futters unbedingt die Spitze entfernen) zum Aufspießen von Futter.

Gutes so nah!

- Kräuter und Trockengemüse gibt es in vielen Zoofachgeschäften, auch im Internet wird man schnell fündig.

- Kräuter können Sie selber sammeln, allerdings sollten Sie Straßenränder meiden.

- Insekten wie Mehlwürmer, Grillen etc. erhalten Sie im Zoofachhandel.

Holzspielzeug entwerfen

Mit etwas handwerklichem Geschick, ein wenig Holz, dem richtigen Holzleim und einigen Anregungen lassen sich leicht und schnell schöne Spielzeuge und nützliche Gegenstände zaubern.

Allerlei aus Holz

Holz ist vielfältig einsetzbar. Je nach Spielzeugart können Sie bei der Holzstärke variieren. Wichtig ist allerdings immer, dass das Holz ungiftig und unbehandelt ist.

Holzwürfel: Beliebt sind Holzwürfel oder auch Kletterwürfel. Diese Würfel werden aus vier bis sechs Seiten zusammengesetzt, die z.B. Löcher in unterschiedlichen Größen vorweisen, durch die Ihr Hamster schlüpfen kann. Einfache Löcher können Sie mit runden Aufsätzen bohren oder mit speziellen Sägen. Ansonsten können Sie die Formen auch verändern z.B. in ausreichend große Dreiecke. Der Würfel sollte nicht höher als 15–20 cm sein und gehört eher in den Auslauf oder muss im Gehege direkt auf dem Boden und nicht auf Einstreu stehen.

Holzbündel: Bohren Sie in kleine Reststücke mittig ein Loch. Die Stücke können alle Formen und Stärken haben. Wichtig ist, dass keine scharfen Ränder vorhanden sind. Falls doch, sollten diese abgeschmirgelt werden. Danach alles auffädeln. Sisalband bietet sich aufgrund seiner Verträglichkeit an. Dieses Bündel kann Ihr Hamster herumtragen oder anknabbern.

Aus Holz lassen sich tolle Sachen basteln.

Dieser Hamster scheint Spaß an seinem neuen Tunnel zu haben.

Kreative Spielhäuser entwerfen

Gestalten Sie doch aus Holzresten ein individuelles Spielhaus für Ihren Hamster. Viereckige Spielhäuser bieten das Anbringen von Rampen oder Treppen an. Benutzen Sie möglichst viele unterschiedliche Aufgänge, sodass Ihr Hamster immer die Wahl hat und die verschiedensten Wege erkunden kann. Die Trapezform ermöglicht es dem Hamster, oben kurz zu verschnaufen und dann weiter zu klettern, oder dieses Stück als Ausguck zu nutzen. Im Inneren des Spielhauses können Sie Dübel befestigen. Diese können dann als Kletterhilfen oder als Hindernisse fungieren. Wände mit verschieden großen und hohen Löchern können ebenfalls enthalten sein. Ein kleines Labyrinth im Inneren steigert den Spaßfaktor. Die Löcher müssen entweder so klein sein, dass der Hamster seinen Kopf nicht hineinstecken kann (dann haben sie eher einen dekorativen Effekt) oder für Zwerghamster einen Durchmesser von mindestens 5 cm und für Goldhamster mindestens 7 cm haben.

Aha!

Hamsterwippe. Wippen eignen sich nicht für jeden Hamster, da vielen Hamstern eine Wippe zu wackelig ist. Andere lieben es, über die Wippe zu sausen. Manche Halter sehen Wippen kritisch, da die Gefahr besteht, dass Hamster sich Körperteile einklemmen. Wippen sollten also angetestet werden und möglichst nicht so hoch hinausgehen, damit Ihr Hamster nicht von einem plötzlichen Ruck erfasst wird.

Labyrinthe ohne Ende!

Sehr beliebt sind Labyrinthe aller Art. Ein Labyrinth können Sie aus verschiedensten Materialien bauen oder käuflich erwerben. Beim Bau können Sie variantenreich vorgehen und alles Ihren Bedürfnissen und denen Ihres Hamsters anpassen.

Das Material

Labyrinthe können Sie aus Holz oder dicker, unbedruckter Pappe herstellen. Pappe bietet den Vorteil, dass das einzig benötigte Werkzeug eine Schere ist und auch handwerklich weniger geschickte Menschen tätig werden können. Außerdem ist sie preisgünstiger als Holz, oft können Sie Kartons sogar kostenlos in Geschäften erhalten. Der Nachteil von Pappe ist, dass viele Hamster sie schnell zerlegen. Es sollte also idealerweise dicker Karton sein, der nicht so leicht zu biegen ist, ansonsten wird wegen der fehlenden Kontaktfläche auch das Befestigen weiterer Teile schwer. Holz dagegen ist robuster und hält den Zähnchen länger stand. Eines steht allerdings fest: Egal für welches Material Sie sich auch entscheiden, Ihr Hamster wird seine Freude an dem neuen Einrichtungsgegenstand haben.

Planen und Bauen

Planen Sie das Labyrinth zuerst auf dem Papier, so können Sie z.B. Sackgassen oder den zum Ziel führenden Weg aufzeichnen. Übertragen Sie die benötigten Elemente danach auf die Pappe oder den Karton. Die Gänge sollten bei Mittelhamstern mindestens 7 cm breit sein, bei Zwerghamstern mindestens 5 cm. Wenn Sie Glück haben, dann schneidet der Baumarkt Ihnen das Holz zumindest auf die richtige Höhe. Reststücke können Sie dort vielleicht auch günstig erwerben. Die Wände sollten eine ausreichende Höhe haben, damit ihr Hamster nicht darüber klettert, etwa 15–20 cm reichen dafür aus. Wenn der Hamster doch über eine Wand klettert, dann sollte dies nicht allzu tragisch sein, solange das Labyrinth im Auslauf steht. Ist das Labyrinth jedoch der Auslauf, dann müssen die Außenwände 30 cm hoch sein und das Labyrinth darf natürlich keine Löcher an den Außenwänden haben! Die Seitenteile können Sie nun kleben oder als Steckelemente konzipieren. Zum Leimen sollte das Holz dicker sein (z.B. 8 mm), damit der Leim genug Kontaktfläche hat und gut hält. Besorgen Sie sich Schraubzwingen und lassen Sie das Ganze gut trocknen. Als Hilfe beim Zusammensetzen können Sie die Teile mit Bleistift in der Ecke nummerieren. Falls ein Dach geplant wird, sollten Sie an ausreichend Luftlöcher bei den Innen- und Außenwänden denken.

Kauf-Labyrinthe

Diese Labyrinthe heißen z.B. Wohnlabyrinthe und sind in verschiedenen Größen erhältlich. Die Kammern können von Ihrem Hamster optimal genutzt werden. Das Material ist ungiftig und das Dach bietet zusätzlichen Platz als Ebene.

Extras

Nicht nur Sackgassen sollten das Labyrinth spannender machen und zum Erkunden auffordern. Gewisse Extras können z.B. unterschiedliche Füllungen sein, die ihr Hamster durchqueren soll. Darunter fallen z.B. Blätter, unparfümierte und unbedruckte Taschentücher oder gar Holzdübel, die es zu überklettern gilt. Hindernisse können auch z.B. längs zerteilte Papprollen sein, die mit etwas Abstand aufgestellt werden und so für eine hügelige Landschaft sorgen. Die Wand kann nicht nur ein Durchgang zieren. Machen Sie doch mehrere Löcher, mal tiefer, mal höher oder auch zu kleine, sodass ihr Hamster erst nach einem passenden suchen muss. Die kleineren Löcher sollten allerdings nicht durchsteigbar sein, sodass Ihr Hamster nicht in die Situation gerät, steckenzubleiben.

Info

Das Stecksystem

- Steckelemente ersparen Ihnen das Leimen und Sie können das Labyrinth immer wieder unterschiedlich zusammenstellen.

- Außerdem können Sie es jederzeit auseinandernehmen und verstauen.

- Sägen Sie an einer Seite oben einen Schlitz, der ca. bis zur Mitte des Brettes gerade nach unten geht, und auf der anderen Seite einen Schlitz, der sich unten befindet und nach oben geht.

Kartons – vielseitig einsetzbar

Nicht jeder möchte handwerklich mit Holz ans Werk gehen, allerdings können Sie aus verschiedenen Kartons auch viele Einrichtungsgegenstände herstellen.

Der richtige Karton

Nicht jeder Karton eignet sich für die Wiederverwertung als Hamsterspielzeug oder Hamsterheimeinrichtungsgegenstand. Unbeschichtete Kartons sind beschichteten vorzuziehen. Auch sollten die Kartons möglichst unbedruckt sein. Kartons, die einmal Waschmittel oder andere Reinigungsprodukte beinhaltet haben, eignen sich nicht, da sie noch Spuren ihrer Fracht tragen können. Diese ist ungesund für Hamster. Auch sollten weder Klebereste oder Klebeband daran zu finden sein.

Häuser: Aus Karton lassen sich im Handumdrehen Häuser herstellen. Dazu können Sie den Deckel abnehmen, den Karton umdrehen und in ihn ein oder zwei Ein- bzw. Ausgänge schneiden. Auf Fenster sollten Sie verzichten, damit es schön dunkel bleibt. Auch können Sie ein Loch ins Dach bzw. in den Deckel schneiden, der einmal das Dach sein wird. Über eine kleine Rampe kann Ihr Hamster so in sein Haus gelangen.

Buddelkisten: Als Alternative zur Holzbuddelkiste können Sie Kartons mit gleicher oder unterschiedlicher Größe mit verschiedenen Materialien füllen und diese ins Hamsterheim oder in den Auslauf stellen. So dient er als günstiger, jeder Zeit austauschbarer Fühlparcours.

Ebenen: Stabiler Karton kann auch in eine Ebene verwandelt werden, allerdings sollten Laufräder immer auf Holzebenen stehen, da Karton schnell zernagt werden kann und so seine Standfestigkeit verliert. Schneiden Sie alle Seiten auf, sodass der Karton auf vier breiten Beinen steht.

Mit einfachen Mitteln und etwas Phantasie lässt sich eine wahre Wohlfühllandschaft gestalten.

Info

Erlebnislandschaft aus Kartons. Nehmen Sie mehrere Kartons in verschiedenen Größen. Sie sollten so hoch sein, dass ihr Hamster nicht herausspringen kann (40–50 cm).
Besorgen Sie sich Teppichrollen, da diese fester und härter sind als z.B. Küchenpapier-Papprollen.
Verbinden Sie die Kartons durch die Teppichrollen miteinander und schon haben Sie einen günstigen Auslauf (worin der Hamster allerdings beaufsichtigt werden sollte) oder ein Labyrinth.

Weitere Ideen rund um den Karton

Mithilfe einer Schere können Sie schmale Kartons schnell in Tunnel mit vielen Löchern verwandeln. Mehrere Kartons nebeneinander ergeben eine Treppe oder gar eine Kletterburg. Aus großen und festen Umzugskartons können Sie Ausläufe machen, allerdings sollten Sie dann immer Aufsicht führen, denn schnell kann es passieren, dass Ihr Hamster die Wand anknabbert und sich somit einen Fluchtweg schafft. Einzelne Wandelemente können auch zu einem klapp- und formbaren Auslauf werden, allerdings sollten Sie Steine drum herumlegen, damit der Karton nicht verschoben werden kann. Kontrollieren Sie die Wände regelmäßig auf Bissspuren. Prinzipiell können Sie fast alles anstatt aus Holz auch mit Karton anfertigen. Allerdings ist es nicht so dauerhaft wie Holz, darum sollten feste Ausläufe oder Hamsterheime stets aus Holz bestehen, damit kein unfreiwilliger Ausbruch gelingen kann.

Eierkartons neu entdeckt

Vieles im Haushalt kann neu entdeckt werden. Ebenso wie Klopapier- und Küchenrollen können auch Eierkartons in Ihrem Hamsterheim verwendet werden und zu allerlei Einrichtungsgegenständen oder Spielzeug werden.

Eierkartons – ja oder nein?

Bei Hamsterhaltern scheiden sich die Geister bei der Verwendung von Eierkartons. Viele Hamsterhalter sehen ihre Anwendung kritisch aufgrund von Salmonellen und anderen Bakterien. Andere Halter halten diese Bedenken für übertrieben und verwenden seit langem ohne Probleme Eierkartons. Allgemein kann festgehalten werden, dass Eierkartons, in denen ein Ei zerbrochen ist, auf gar keinen Fall verwendet werden sollten. Möchten Sie Eierkartons benutzen, dann können Sie direkt von Landwirten unbenutzte ergattern oder Sie töten Bakterien in benutzen Kartons ab: Dazu stellen Sie den Eierkarton bei 70 °C für mindestens zehn Minuten in den Backofen. Kälte tötet die Bakterien nicht ab.

Zubehörideen

Für eine Heuraufe nehmen Sie einen Deckel und schneiden in diesen Streifen, Vierecke oder Kreise. Links oben und unten, sowie rechts oben werden Löcher hineingeschnitten und das Innenleben mit Heu gefüllt. Drücken Sie den Deckel mit der Innenseite hin ans Gitter und binden Sie ihn von außen fest. Auch kann der Deckel mit einigen einfachen Handgriffen in eine günstige Rampe verwandelt werden. Schneiden Sie dicke Pappstreifen zurecht und kleben diese mit etwas Abstand auf das Innere des Deckels. Mit lösungsmittelfreiem Holzleim befestigen Sie die Stufen, alternativ mit Nadel und Faden: Oben zwei Löcher hineinstechen und dadurch ein Band ziehen, danach an der Ebene anbringen. Das Band durch die zwei Löcher in der Ebene ziehen und verknoten.

Richtig informiert

Salmonellen sind für gesunde Hamster nur in hoher Konzentration schädlich. Zu finden sind sie z.B. auf Vogelfedern. Sie sind anpassungs- und überlebensfähig. Der Karton sollte kein kaputtes Ei und keine Kotreste enthalten. Auf trockenem Karton vermehren Salmonellen sich nicht mehr.

Eierkartons lassen sich vielfältig verwenden. Dafür sollten sie sauber, unbedruckt und frei von Kleberesten sein.

Eierkartons – Vielfalt ohne Ende

Futterversteck: Schneiden Sie Löcher oben und/oder unten in den Karton und füllen Sie ihn mit Heu und/oder einigen anderen Leckereien. Verschließen Sie das Ganze und beobachten Sie, wie Ihr Hamster versucht, das leckere Heu oder Futter hinauszubekommen.

Podest: Gerade im Hamsterheim werden Futter- oder Wassernäpfe schnell mit Streu gefüllt. Der Deckel des Eierkartons könnte als Podest dafür dienen.

Ebene: Der Deckel kann als Verbindungsstück zwischen zwei Ebenen fungieren. Dazu muss er gut am seitlichen Gitter und den Ebenen befestigt werden z.B. mit einem Band oder zusätzlich an der Decke.

Hügellandschaft: Legen Sie eine Strecke, z.B. in folgender Reihenfolge: Deckel, Deckelinnenseite, Unterseite. Die Deckelinnenseiten können Sie mit unterschiedlichen Materialien füllen. Das Unterteil ist gut zu beklettern. So entsteht eine ausgeglichene Kletterlandschaft mit unterschiedlichen Anforderungen an Ihren Hamster.

Fühlparcours: Die Deckel des Eierkartons können Sie nebeneinander legen, sodass sie einen Weg ergeben. Danach füllen Sie jeden Deckel mit unterschiedlichen Materialien, z.B. Chinchillasand, Gras, Heu, Stroh oder ungedüngter Erde. (Die Erde nicht bei Langhaarhamstern verwenden, da ihr Fell davon sehr verdrecken kann.)

Info

Der richtige Eierkarton

Falls Sie sich dazu entscheiden, ab und an Eierkartons zu benutzen, dann sollten Sie dabei einiges beachten:

- Viele Eierkartons haben bedruckte Deckel. Unbedruckte Pappe ist immer vorzuziehen.

- Besser geeignet sind Kartons, die beklebt sind. Dieser Kleber lässt sich leicht entfernen, mit etwas Schmirgelpapier auch die Restspuren des Klebers.

Service

Hilfreiche Adressen

- **www.bag-kleinsaeuger.de**
  Bundesarbeitsgruppe Kleinsäuger e. V.
  im Schulzoo-Leipzig e. V.

- **www.tierschutz-tvt.de**
  Tierärztliche Vereinigung für Tierschutz e. V. (TVT)

Internet

- **www.nager-info.de**
  Viele Hintergrundinformationen rund um die Kleintierhaltung.

- **www.hamsterhaltung.de**
  Ausführliche Informationen zu allen Hamsterarten, die als Heimtiere gehalten werden.

- **www.hamster-ratgeber.de**
  Viele Hintergrundinformationen rund um die Hamsterhaltung.

- **www.rodent-info.de**
  Die Infoseite rund um Kleinsäuger.

- **www.hamsterinfo.de**
  Informationen zur Haltung, Ernährung, Zucht und Eigenschaften von Zwerghamstern.

- **www.giftpflanzen.ch**
  Giftpflanzeninfo der Universität Zürich.

- **www.hamsterhilfe-nrw.de**
  Hamsterhilfe NRW

- **www.hamsterhilfe-nord.de**
  Hamsterhilfe Nord

- **www.tierschutzvereine.de**
  Verzeichnis von Tierschutzvereinen und -heimen.

Lesetipps

- Busch, Marlies: *Taschenatlas Pflanzen für Heimtiere.* Ulmer Verlag, 2009
- Ewringmann, Anja u. Glöckner, Barbara: *Leitsymptome bei Hamster, Ratte, Maus und Rennmaus – Diagnostischer Leitfaden und Therapie,* Enke Verlag, 2007
- Honigs, Sandra: *Zwerghamster Biologie, Haltung, Zucht,* NTV- Verlag, 2003
- Schmidt-Röger, Heike: *Hamster,* Ulmer Verlag, 2004
- Schneider, Eva-Grit u. Dietz, Petra: *Mein Hamster zu Hause,* Ulmer Verlag, 2008
- Schneider, Eva-Grit u. Dietz, Petra: *Mein Zwerghamster zu Hause,* Ulmer Verlag, 2011
- Wilde, Christine: *Ihr Hobby Zwerghamster,* Ulmer Verlag, 2011

Bildquellen

Titelfoto: Ulrike Schanz
Alle Fotos außer den folgenden stammen von **Ulrike Schanz**, München.
Gosia Merinja: S. 9 l.
Georg Leithold: S. 8 r., 9 r., 19
Trixie: S. 22, 35 o., 35 m., 40 u.

Register

Hinweis

Die in diesem Buch enthaltenen Empfehlungen und Angaben sind von der Autorin mit größter Sorgfalt zusammengestellt und geprüft worden. Eine Garantie für die Richtigkeit der Angaben kann aber nicht gegeben werden. Autorin und Verlag übernehmen keinerlei Haftung für Schäden und Unfälle. Der Leser sollte bei der Anwendung der in diesem Buch enthaltenen Empfehlungen sein persönliches Urteilsvermögen einsetzen.

Bibliografische Information der Deutschen Nationalbibliothek

Die Deutsche Nationalbibliothek verzeichnet diese Publikation in der Deutschen Nationalbibliografie; detaillierte bibliografische Daten sind im Internet über **http://dnb.d-nb.de** abrufbar.

Das Werk einschließlich aller seiner Teile ist urheberrechtlich geschützt. Jede Verwertung außerhalb der engen Grenzen des Urheberrechtsgesetzes ist ohne Zustimmung des Verlages unzulässig und strafbar. Das gilt insbesondere für Vervielfältigungen, Übersetzungen, Mikroverfilmungen und die Einspeicherung und Verarbeitung in elektronischen Systemen.

© 2011 Eugen Ulmer KG
Wollgrasweg 41, 70599 Stuttgart (Hohenheim)
E-Mail: info@ulmer.de
Internet: www.ulmer.de
Titelfoto: Ulrike Schanz
Umschlagentwurf, Innenlayout und DTP: Sojus Design / Kai Twelbeck, Stuttgart
Druck und Bindung: Litotipografia Alcione, Lavis
Printed in Italy

ISBN 978-3-8001-5981-9

Alles über Hamster

- Haltung und Pflege
- Hamster sind nachtaktiv
- Was bedeutet das für mich?
- Ernährung
- Verhalten verstehen
- Vermehrung
- Einrichtung

Mein Hamster zu Hause.

E. Schneider , P. Dietz . 2008. 64 S., 60 Abb.,
kart. ISBN 978-3-89860-161-0.

- Wo und wie Hamster in der Natur leben
  und sich verständigen
- Wie Sie Ihre Hamster richtig auswählen,
  optimal füttern und versorgen
- Wie Sie ihnen ganz leicht ein großes und
  abwechslungsreiches Gehege einrichten
- Und – live und ganz nah dran – die
  Hamster in ihrer Welt beobachten
  können
- Mit vielen Extrainfos, Tipps und
  Anleitungen

Hamster.

Liebenswert - putzig - aktiv. G. Gaßner. 2005.
64 S., 60 Farbf., kart. ISBN 978-3-8001-4484-6.

bede bei Ulmer

Ganz nah dran.  Ulmer

Kleine ganz groß!

- Anschaffung, Haltung und Pflege
- Ernährung und Gesunderhaltung
- Mit Beschäftigungs-Tipps

Ihr Hobby Zwerghamster.
C. Wilde. 2011. 80 S., 73 Farbf., geb.
ISBN 978-3-8001-5799-0.

- Viele Fotos
- Fundiertes Basiswissen
- Kompakter Überblick
- Extra: Wellness für Zwerge

Mein Zwerghamster zu Hause.
P. Dietz , E. Schneider . 2. Aufl. 2011. 64 S.,
92 Farbf., kart. ISBN 978-3-8001-6938-2.

Ulmer www.ulmer.de

bede bei Ulmer